AF324576

Bibliothèque Entomologique publiée par Lequien fils.

OEUVRES ENTOMOLOGIQUES

DE

TH. SAY,

PROFESSEUR D'HISTOIRE NATURELLE A L'UNIVERSITÉ DE
PENSYLVANIE,
ET DE ZOOLOGIE AU MUSÉE DE PHILADELPHIE;

Contenant l'Entomologie Américaine, les Mémoires insérés dans le
Journal de l'Académie des Sciences naturelles de Philadelphie,
dans les Transactions de la Société philosophique d'Amérique,
dans le Journal de Boston, etc., etc.

Recueillies et traduites par M. A. GORY.

1re et 2e Livraison.

A PARIS,

Chez LEQUIEN fils, Libraire-Éditeur,

Quai des Augustins, n°. 47.

1837

ÉVERAT, IMPRIMEUR, RUE DU CADRAN, N° 16.

JOURNAL

DE

L'ACADÉMIE DES SCIENCES NATURELLES

DE PHILADELPHIE.

TOME PREMIER, PREMIÈRE PARTIE (1817), page 19 à 23.

Iᵉʳ MÉMOIRE.

Description de plusieurs nouvelles espèces d'Insectes de l'Amérique du nord.

COLÉOPTÈRES.

CICINDELA. Linn., Fab., etc.

Antennes insérées au bord antérieur des yeux. Palpes filiformes; les intermédiaires et les postérieurs presque égaux, article pénultième de ces derniers poilu. Corselet court. Élytres plates, arrondies au sommet. Chaperon plus court que le labre.

1. *C. Formosa*. D'un rouge cuivré, brillante. Élytres avec une large bande blanche à trois branches.

C. formosa. Entomologie Américaine, pl. VI.[1]
Elle se tient sur les alluvions de sable du Missouri, audessus de sa réunion à la rivière Platte.

Front poilu. Labre large, pâle, à trois dents. Élytres

---

[1] L'Entomologie Américaine de Say, qui se trouve reproduite dans le tome III de cette édition, a été publiée en 1824, 1825 et 1828 ; mais les six premières planches du tome I avaient déjà paru en 1807, ce qui avait permis à l'auteur de les citer dans ce Mémoire.

avec un large bord blanc : tache antérieure et pénultième, courtes ; l'intermédiaire tortueuse, atteignant presque la suture ; bord des élytres vert. Dessous du corps, vert ou bleu pourpre, très-poilu.

Long., 8 lignes ; larg., 2 3/4 lignes. [1]

Cette grande et belle espèce a été prise par M. Th. Nuttall.

2. *C. Decemnotata*. Verte, teintée de cuivré en dessus. Élytres bordées de vert ou de bleuâtre ; quatre taches blanches et une bande intermédiaire réfléchie.

C. 10 — *notata*. Ent. Amér., pl. VI.
Elle habite la même localité que la précédente.

Labre à trois dents, blanc ; mandibules noires, blanches à la base. Élytres, une tache blanche sur l'épaule ; une seconde également distante de la première et de la bande qui est large, partant du milieu du bord, réfléchie au centre de l'élytre, et terminée près de la suture en une ligne réunie avec le sommet de la troisième tache ; troisième tache large, orbiculaire, et placée près du sommet externe de la tache terminale qui est transverse et triangulaire. Dessous du corps, vert : anus et trochanters, pourpres.

Long., près de 7 lignes.

L'exemplaire qui a servi pour cette description est une femelle trouvée par M. Nuttall.

3. *C. Dorsalis*. Cuivrée. Élytres blanches ; deux lignes courbées sur chacune ; suture et tache courbée près la base, vertes ; lèvre et anus, pâles.

Elle habite New-Jersey.
Tête cuivrée, nue, les bords verts ; labre, mandibules,

---

[1] Les mesures anglaises indiquées par l'auteur ont été réduites en mesures françaises.

et palpes , blancs ; sommet des mandibules et article terminal des palpes , sombres. Corselet cuivré , varié de vert ;
les bords et le dessus, poilus dans leur longueur. Écusson,
vert. Élytres, blanches, ponctuées irrégulièrement ; suture
verte ; une tache lunulée sur chaque élytre , se terminant
au milieu de la base ; disque avec deux lignes courtes,
dont l'antérieure courbée en dehors et la postérieure en
dedans, se terminant respectivement à l'une des extrémités en face le centre de l'autre. Dessous du corps poilu
sur les côtés ; poils courts, couchés, cendrés ; dernier segment de l'abdomen et anus , jaunâtres.

Elle est abondante sur le littoral de New-Jersey.

4. *C. Hirticollis.* D'un brun cuivré sombre , verte en dessous ; corps et tête couverts de poils cendrés ; labre
blanc ; bord externe des élytres blanc , avec deux bandes
courtes et une autre intermédiaire réfléchie ; trochanters
pourpres.

Elle habite l'Amérique du nord.

Tête cuivrée , variée de vert et de bleu. Labre et base
des mandibules , blancs. Corselet très-poilu , avec des lignes bleues enfoncées. Élytres ponctuées irrégulièrement
de vert ; une lunule marginale à la base , dont les extrémités sont presque également proéminentes ; la bande se
sépare sur le bord de manière à se réunir à la lunule antérieure , mais elle est interrompue avant la lunule terminale, brusquement réfléchie au centre de l'élytre, et courbée
près de l'extrémité , vers la suture. Dessous du corps vert ,
très-poilu.

Long. , 6 lignes.

Elle est commune en Pensylvanie , et ressemble beaucoup à la *C. trifasciata* , avec laquelle elle a été probablement confondue.

4

5. *C. Pusilla*. Noire en dessus , obscure ; élytres , avec deux lunules et une bande recourbée , blanches. Dessous du corps, bleu-noir ou verdâtre. Trochanters testacés.

Elle habite les mêmes lieux que la première.

Élytres avec une lunule marginale à la base et une autre au sommet , toutes les deux très-étroites et blanches ; une bande intermédiaire , divergente sur le bord , recourbée au milieu de l'élytre et se terminant près de la suture en arrière. Labre et base des mandibules, blanchâtres ; les quatre premiers articles des antennes , pourpres.

Long. , 5/4 lignes.

Elle a été trouvée par M. Th. Nuttall. La bande est souvent effacée, ou seulement des portions détachées en sont visibles ; la partie marginale plus large est constante.

NEMOGNATHA. Illiger ; *Zonitis*, Fabr., Latr.

Mâchoires très-allongées , courbées en dedans , filiformes.

1. *N. Immaculata*. D'un jaune citron, immaculée ; élytres avec des points épars. Mâchoires pas plus longues que le corselet ; antennes et palpes, noirs.

N. immaculata. Ent. Amér., pl. III.
Elle habite les plaines du Missouri.

Antennes noires ; article basal, testacé pâle. Yeux , mâchoires , palpes, extrémité des cuisses et des tarses , noirs. Élytres irrégulièrement ponctuées, glabres, lisses.

Elle se rapproche de la description de la *Zonitis pallida* , Fabr. ; mais il est dit que cet insecte est assez grand, et ce peut bien être un véritable *Zonitis*. Les exemplaires que je possède n'ont pas plus de moitié de la taille de la *N. vittata*.

Trouvée en abondance sur les chardons par M. Th. Nuttall.

zonitis. Fabr., Latr.

Mâchoires non allongées. Antennes ayant le premier et le troisième articles de la même longueur, le deuxième un peu plus court, le troisième et les suivants cylindriques, le dernier fusiforme et se terminant brusquement en une pointe courte.

1. *Z. Bilineata.* Ferrugineuse. Élytres d'un jaunâtre pâle avec une ligne noire. Écusson noir.

Elle a été trouvée avec la précédente, sur les chardons, par M. Th. Nuttall.

Antennes noires, les deux articles radicaux ferrugineux. Yeux noirs. Élytres et labre, ponctués ; une ligne noire occupe le milieu de chaque élytre, elle est raccourcie à la base et au sommet. Écusson noir. Tibias bruns. Elle est plus petite que la précédente. Elle ressemble, à l'exception de la taille, à la *N. vittata* par la couleur et le facies.

DIPTÈRES.

DIOPSIS.

Tête munie de deux cornes inarticulées, immobiles. Yeux placés aux extrémités de ces cornes. Antennes petites, situées au-dessous des yeux.

1. *D. Brevicornis.* Noir ; pédicules courts, pas aussi longs que l'intervalle qui existe entre leur base.

Il habite la Pensylvanie.

Tête rousse ; vertex brun. Corselet noirâtre, un peu mêlé de cendré ; une impression lunulaire de chaque côté en avant, une bande enfoncée sur le milieu, interrompue sur le dos, et une autre également enfoncée, angulaire en arrière. Épines latérales courtes, noires ; épines postérieures plus longues, rousses. Ailes rayées de brun près du sommet. Pattes rousses ; cuisses et tibias, noirâtres vers le sommet ; cuisses antérieures renflées. Balanciers blancs. Abdomen noir, immaculé.

Long., 2 lignes.

Il est extrêmement rare ; je n'en ai trouvé qu'un seul individu en mai dernier ; il était posé sur une feuille de *Pothos fœtida*, près de la baie de Wissahickon, à quelques milles de cette ville.

Cet insecte doit être considéré comme une addition très-intéressante à la Faune Américaine.

Je regarde les insectes décrits ci-dessus comme nouveaux ; du moins il n'en est parlé dans aucun des ouvrages que j'ai pu consulter jusqu'ici.

TOME PREMIER, PREMIÈRE PARTIE (1817), pag. 45 à 48.

2e MÉMOIRE.

Renseignements sur l'Insecte connu sous le nom de *Hessian-Fly* (Mouche de Hesse), et sur un Insecte parasite vivant sur lui;

Lus le 24 juin 1817.

DIPTÈRES.

CECIDOMYIA.

Tipula, Linné, de Géer; *Chironomus*, Fabricius; *Tri chocera*, Lamark; *Cecidomyia*, Latreille, Meigen.

Antennes filiformes, articles presque égaux, globulaires, poilus. Proboscis saillant. Ailes tombantes, horizontales.

1. *C. Destructor.* Tête et corselet noirs; ailes noires, fauves à la base; pattes pâles, couvertes de poils noirs.

Elle habite les états du nord et du centre.

Corps revêtu de poils courts et noirs. Tête noire; antennes plus courtes que le corps, un peu plus minces vers le sommet, branchues; articles moniliformes, séparés par un filament hyalin. Corselet gibbeux, noir, glabre, et poli. Écusson proéminent, de la couleur du corselet, arrondi postérieurement. Ailes ciliées, arrondies au sommet, noirâtres; la couleur fauve de la base s'étend quelquefois sur les nervures de l'aile où elle est plus pâle et disparaît graduellement avant le milieu; elles sont plus longues que l'abdomen. Pattes longues, grêles; cuisses fauves à la base, munies au sommet de plusieurs crochets très-aigus. Balanciers pâles, presque aussi longs que le corselet; le capitule subovale. Poitrine fauve. Abdomen brunâtre.

Femelle. Antennes plus longues que le corselet; les articles un peu ovales, non séparés par des filaments. Abdomen ovale-allongé, rectiligne en dessus, un peu bombé en dessous, fauve; une bande noire sur le dos et sur le ventre, largement interrompue par les sutures. Anus plus ou moins aigu, dans les individus morts, en raison de la production de l'oviducte.

Long., 2 lignes.

OEufs allongés, linéaires, pâles, fauves.

Larve. Corps un peu fusiforme, blanchâtre; anus aigu, assez brusquement atténué; tête recourbée [1]; hyalin en dessus, laissant voir une ligne verte interne, viscérale, abrégée; en dessous, avec des espèces de nuages blancs opaques, qui sont, dans le jeune âge, parfaitement séparés et au nombre de neuf environ de chaque côté; d'autres plus petits forment une série intermédiaire : à mesure que la larve approche de son entier développement, ces taches se réunissent de manière à ressembler à des segments réguliers et transverses. Des rudiments de pieds, ressemblant à des tubercules peu prononcés ou à des crénelures, sont placés près de l'extrémité antérieure; lorsqu'on l'a retirée de sa retraite, elle est presque inerte, et paraît à l'œil très-peu mobile.

Long., 2 lignes; larg., 1/2 ligne.

Nymphe. Elle ressemble à la larve, mais elle est d'un brun rougeâtre foncé, et paraît être tout-à-fait privée de mouvement.

Cet insecte, si connu par le ravage qu'il fait dans le blé, a été nommé *Hessian-Fly* (Mouche de Hesse), en conséquence de la supposition erronée qu'il avait été apporté dans de la paille par les troupes hessoises, pendant la

---

[1] Le texte original porte : « *and attached by the mouth*, et attachée par la bouche ». Nous n'avons pu comprendre le sens de cette phrase de notre auteur.

guerre de la révolution. Mais la vérité est qu'il est tout-à-fait inconnu en Europe, et cette espèce est entièrement nouvelle et décrite maintenant pour la première fois. L'insecte décrit par M. Kirby, dans les Trans. soc. Lin. de Lond., vol. IV, p. 232, et nommé par lui *Tipula Tritici*, est sans aucun doute du même genre, mais il forme une espèce distincte.

Voici probablement l'histoire des divers changements de cet insecte :

Les œufs sont déposés par la femelle en différentes quantités, d'un à huit, et peut-être davantage, sur un seul pied de blé, et dans cette opération la mère donne encore une grande preuve de cette prévoyance que l'on retrouve si fortement indiquée chez tant d'insectes. L'œuf n'est pas déposé indifféremment à l'un des axes des feuilles, mais cette mouche, par un certain instinct et quelque connaissance de la botanique, insinue avec soin son long oviducte entre la gaîne formée par la feuille la plus interne et la partie du chaume la plus près de la racine, afin que la larve, en sortant de l'œuf, soit en contact immédiat avec la tige d'où elle tire toute sa nourriture. C'est ainsi que, le corps renversé, la tête invariablement tournée vers les racines, ou vers la première articulation, si elle est au-dessus, la jeune larve passe l'hiver. La pression et la piqûre de l'insecte dans cet état sur la tige, produit un sillon longitudinal d'une profondeur suffisante pour recevoir presque la moitié d'un côté de son corps. Lorsqu'il y a plusieurs larves réunies sur la même plante, la pression de leur corps est inégale, et elle produit une inégalité dans la forme du corps, ainsi que la mort de la plante qui est exposée à leur attaque. La mouche parfaite paraît au commencement de juin ; sa vie est courte, elle dépose ses œufs et meurt : les insectes qui sortent de ces œufs en complètent l'histoire en se préparant pour la couvée d'hiver.

HYMÉNOPTERES.

CERAPHRON. Latr.

Antennes brisées, moniliformes, à dix ou douze articles, le premier long, cylindrique. Abdomen sub-ové. Ailes inférieures sans nervures apparentes : ailes supérieures, une nervure costale et une seule branche formant une cellule radiale incomplète.

1. *C. Destructor*. Noir, granulé; abdomen glabre, lisse; pattes et base des antennes, blanchâtres.

Il se trouve dans la larve de la *Cecidomyia destructor*.

Tête noire, opaque, quelquefois cuivrée, granulée sur toute sa surface; yeux non proéminents, arrondis suivant la courbure de la tête; les stemmates d'un brun-rouge : antennes d'un brun pâle, fournies de poils courts, cendrés; les deux premiers articles d'un jaunâtre pâle; les derniers articles un peu dilatés dans le mâle, et rapprochés de manière à former une massue aiguë, distinctement ovée. Corselet granulé comme la tête, noir, généralement cuivré avant la ligne de la base des ailes; nervure des ailes d'un brunâtre pâle. Pattes blanchâtres; l'apophyse noire. Abdomen en ovale aigu, d'un beau noir, très-lisse, et fourni de quelques poils courts; les segments de la base sont quelquefois d'un jaunâtre pâle ou testacés.

Longueur, 1/2 ligne.

On le prend souvent pour la *Mouche hessoise*, par la raison qu'on le trouve dans les champs de blé en immense abondance, en même temps que cette mouche y fait tant de ravages, et beaucoup de personnes ont été trompées dans leurs observations en le voyant sortir de la nymphe de cette larve destructive. La vérité est que le *Ceraphron* appartient à cette nombreuse famille d'insectes réunis par

Linné , sous le nom générique d'*Ichneumons*. Fidèle aux habitudes de son espèce , la mère dépose ses œufs dans le corps des larves de la *Cecidomyia destructor*, au moyen d'une piqûre faite avec son oviducte aigu ; les petits , lorsqu'ils éclosent, se nourrissent en pleine sécurité dans le corps de la larve et finissent par la tuer , mais, en général, seulement après sa métamorphose en nymphe. A l'abri sous cette enveloppe durcie , le parasite subit lui-même sa métamorphose et paraît dans son état parfait vers la fin de juin. Il semble assez probable que cet insecte empêche la perte totale de nos récoltes de grain , en restreignant ainsi l'accroissement numérique de la *Cecidomyia*. L'*Ichneumon tipula* de M. Kirby est congénère de celui-ci , mais il est, sans aucun doute , spécifiquement distinct.

C'est à l'amitié de M. C. A. Le Sueur que je suis redevable de la planche qui représente la *Cecidomyia destructor,* avec son insecte parasite.

J'ai oublié , en décrivant le *Ceraphron destructor*, d'ajouter que cet insecte, que l'on prend si souvent pour la *Cecidomyia* , se débarrasse de ses ailes après l'acte de la propagation, comme d'une chose inutile ; il ressemble sous ce point de vue à quelques espèces des genres *Formica, Termes*, etc. , dont il se rapproche aussi par la forme et le facies ; c'est même ce qui a fait supposer souvent que la Mouche hessoise n'était réellement qu'une espèce de fourmi à l'état aptère.

Pl. 1. *fig.* 1. *Cecydomyia destructor*, mâle , grossi.
    fig. 2. La même,   femelle , grossie.
    fig. 3. Antennes, *a* du mâle , *b* de la femelle , grossies.
    fig. 4. *a , a ,* Larves et nymphes placées sur la tige de blé , près de la racine. *b , b ,* Piqûres faites par le *Ceraphron* pour déposer ses œufs sur la larve de la *Cecidomyia.*
    fig. 5. Section du chaume avec deux insectes à l'état de nymphes.
    fig. 6. *Ceraphron destructor*, mâle , grossi.
    fig. 7. Le même ,   femelle , grossie.
    fig. 8. Antennes, *a* du mâle , *b* de la femelle , grossies.

TOME DEUXIÈME, PREMIÈRE PARTIE (1821), pag. 11 à 14.

3e MÉMOIRE.

Description des Thysanoures des Etats-Unis,

Lue le 21 novembre 1820.

MACHILIS. Latr.

Yeux composés, occupant presque toute la tête ; abdomen ayant en dessous un appareil pour sauter ; queue à trois filets dont l'un est placé au-dessus des deux autres.

1. *M. Variabilis.* Le filet supérieur de la queue deux fois plus long que les autres ; fausses pattes avec deux soies au sommet ; couleur, gris cendré ou irisé mélangé de noir.

Il habite l'Amérique du nord. — Cabinet de l'Académie.

Corps cendré en dessus, un peu irisé, mélangé de noir ; partie gibbeuse du corps de la même couleur ; une bande blanchâtre plus ou moins régulière ; fausses pattes blanches, velues, sétacées au sommet ; filet supérieur de la queue deux fois plus long que les inférieurs.

Var. A. Corps en dessus unicolor, sans bande dorsale blanche.

Var. B. Corps ferrugineux, avec des taches latérales sombres.

Var. C. Corps ayant de chaque côté plusieurs taches d'un blanc de neige.

Cet insecte est commun dans beaucoup d'endroits humides, probablement dans toutes les parties tempérées de l'Amérique du nord. Je l'ai observé au sud jusque dans la Floride orientale. Il est sujet à varier beaucoup.

PODURA.

Antennes à quatre articles, filiformes; article terminal entier; corps cylindrique; tronc distinct.

1. *P. Fasciata*. Corps blanc-jaunâtre, avec quatre bandes noires distantes; queue noire; bandes plus pâles en dessous; ressort blanc; antennes noirâtres; yeux noirs.

Longueur, 1/2 ligne. — Collection de l'Académie.
Il se trouve en grand nombre sous l'écorce des vieux chênes, etc., en Géorgie et dans la Floride orientale.

2. *P. Bicolor*. Corps couleur de plomb; pattes avec quelques poils, un peu plus pâles à la base; ongles petits, aigus; ressort large, blanc; yeux d'un noir foncé.

Longueur, 1 1/2 ligne. — Collection de l'Académie.
C'est notre espèce la plus commune; elle se trouve sous les pierres, etc.

3. *P. Iricolor*. Corps noirâtre, irisé; corselet ayant de longs poils antérieurement; abdomen poilu au sommet; pattes poilues, blanchâtres; dessous de la tête et antennes poilus.

Longueur, 2 1/2 lignes. — Collection de l'Académie.
Il habite la Pensylvanie; il est commun.

SMYNTHURUS. Latr.

Antennes atténuées vers le sommet, à quatre articles, le dernier composé de plusieurs autres plus petits; tronc et abdomen réunis en une masse arrondie.

1. *S. Guttatus*. Corps blanc-jaunâtre; taches nombreuses, d'un brun rougeâtre, irrégulières, disposées par bandes;

poils nombreux, épars, blancs, et deux tubercules de chaque côté du milieu, tronqués au sommet; dessous blanc; antennes d'un brun-rougeâtre, poilues; face maculée, une ligne de taches irrégulières derrière les yeux; yeux noirs; ressort couleur de chair.

Longueur, 3/4 lignes. — Cabinet de l'Académie.

Trouvé sous l'écorce du Pin à longues feuilles (*Pinus palustris*), en Géorgie.

TOME DEUXIÈME, PREMIÈRE PARTIE (1821), pag. 102 à 114.

4ᵉ MÉMOIRE.

Description des Myriapodes des Etats-Unis,

Lue le 21 novembre 1820.

MYRIAPODA.

Ordre I. — CHILOGNATHA.

IULUS.

Corps serpentiforme, cylindrique : antennes insérées sur le bord antérieur de la tête ; le deuxième article est le plus long, le dernier est grêle : yeux distincts ; pattes en grand nombre.

1. *I. Impressus*. Brun ; une série de taches noires latérales ; dessous blanc-jaunâtre ; dernier segment mucroné.

De ma collection.

Corps cylindrique, non rebordé, brunâtre en dessus, en dessous blanc-jaunâtre, paraissant glabre ; chaque segment a une tache latérale noire, des lignes et taches blanches quelquefois obsolètes, une série transverse de lignes longitudinales, courtes, obsolètes, enfoncées, et au dessous des stigmates d'autres lignes enfoncées, plus distinctes ; dernier segment mucroné, spiracules (*stigmates*) non proéminents ; yeux assez larges, apparents, noirs ; labre blanc-jaunâtre ; antennes brunâtres.

Cette espèce commune se trouve sous les pierres et dans les endroits humides. Il y a une variété qui a une ligne dorsale très-distincte, aiguë, longitudinale et la tête bigarrée.

2. *I. Punctatus.* Corps brunâtre ; une ligne dorsale enfoncée ; taches et points blancs enfoncés ; dernier segment inerme.

De ma collection.

Corps cylindrique, immarginé : dessus brun foncé, glabre ; une ligne obsolète, dorsale, blanchâtre, légèrement enfoncée, aiguë ; sur chaque segment, une tache blanche sur les côtés en dessus, et une autre latérale plus large, transversalement oblongue, qui est graduellement et plus complètement séparée, sur les segments postérieurs, en deux taches distinctes, qui, sur les derniers segments, ressemblent aux taches dorsales ; le dernier plus brusquement rétréci que le précédent et tronqué ; segments antérieurs atténués jusqu'à la tête, qui est plus large que le segment antérieur ; celui-ci est aussi long que le deuxième et le troisième ensemble ; spiracules un peu proéminents ; yeux très-distinctement granulés, subtriangulaires, noirs ; tête d'un brun noir, labre blanc.

Il habite les mêmes localités que le précédent, auquel il ressemble par la forme générale, mais il est moins commun et un peu plus petit. Les points, taches, et lignes, sont presque tous légèrement enfoncés.

3. *I. Annulatus.* Corps avec des lignes nombreuses, élevées, obtuses, dont quatre sont placées au-dessus des stigmates ; dernier segment glabre, inerme.

Il habite les États du sud. — De mon cabinet.

Corps cylindrique, immarginé ; dessus brunâtre avec une légère teinte de rouge, immaculé ; dessous blanc-jaunâtre : à chaque segment quinze lignes environ, élevées, obtuses, dont quatre sont égales et dorsales ; une ligne pyriforme, plus large, oblique sur les stigmates, et dix autres environ allant en diminuant jusqu'aux pattes. Segment antérieur aussi long que les trois suivants ensemble, et glabre; le dernier, glabre, brun-rougeâtre, aussi long que les deux précédents réunis, obtusément arrondi au sommet. Tête blanchâtre antérieurement; antennes blanches; yeux transverses, linéaires, noirs; vertex non distinctement enfoncé.

Cette espèce est commune dans les États du sud; elle habite avec la précédente, et se trouve aussi dans le vieux bois.

4. *I. Lactarius.* Corps brun; une ligne dorsale rousse; de nombreuses lignes élevées dont quinze environ se trouvent au-dessus des stigmates; dernier segment inerme.

De mon cabinet.

Corps cylindrique; dessus brun, une bande rousse sur le dos et une autre obsolète sur les côtés; dessous blanc-jaunâtre; à chaque segment de nombreuses lignes élevées, longitudinales, dont quatorze environ sont au-dessus des stigmates et quatorze environ au-dessous, devenant plus petites vers l'origine des pattes; ligne des stigmates géminée. Segment antérieur aussi long que le deuxième et le troisième ensemble, glabre sur la partie antérieure; dernier segment pas aussi long que les deux précédents réunis, largement arrondi au sommet. Tête glabre; antennes d'un brun-rougeâtre; yeux triangulaires, granulés, d'un noir foncé.

Il est assez commun sous les pierres, etc. Lorsqu'il est irrité, il fait sortir de la partie latérale de chaque segment un globule d'une matière laiteuse qui répand une odeur forte et désagréable.

5. *I. Marginatus*. Corps cylindrique, glabre, noirâtre :
segments avec le bord roux ; dernier segment inerme.

De mon cabinet.

Corps cylindrique, glabre, lisse, noirâtre ; dessous, d'un
rougeâtre pâle ; segments bordés postérieurement de roux ;
premier segment aussi long que les trois suivants réunis,
entièrement bordé de roux ; deuxième segment légèrement
et obtusément angulaire au sommet latéral du précédent ;
dernier segment aussi long que les deux précédents réunis, rétréci vers le sommet qui est arrondi. Tête avec une
ligne imprimée, obsolète sur le front ; labre pâle, profondément et largement échancré au sommet ; une série sub-
marginale, brisée, de dix ou douze points d'où sortent des
poils ; sommet cilié, rougeâtre, avec des dents obsolètes.
Longueur, près de 3 pouces.
Cette grande espèce habite le bois pourri, etc. Lorsque
cet insecte est irrité, il répand une odeur d'acide muriati-
que ; il est souvent infesté de *Gamasus iuloïdes*. Il varie de
couleur ; le bord des segments et tout le dessous sont quelquefois blancs ; le dernier segment est quelquefois presque
angulaire, aigu au sommet, et il y a une série latérale, distincte, de taches noires.

6. *I. Pusillus*. Corps ayant une série latérale de taches
noires ; dernier segment inerme.

Il habite les États du centre. — De mon cabinet.

Corps cylindrique, immarginé. Dessus pâle, obsolète,
réticulé et varié de rougeâtre ; une série latérale de larges
points noirs ; lignes aiguës, nombreuses, longitudinales,
parallèles, imprimées au-dessous des stigmates, devenant
graduellement plus courtes vers l'origine des pattes ; dessous blanchâtre. Tête blanche au-dessous des antennes ;
antennes ayant les deux avant-derniers articles un peu di-

latés, non atténués à leur base , ni séparés par un rétrécis-
sement ; yeux noirs, longitudinalement sublunés ; dernier
segment inerme , plus long que le pénultième , arrondi au
sommet, et noirâtre.

Longueur, 5 1/2 lignes.

Il ressemble au *I. Impressus* par le caractère des lignes
latérales imprimées ; mais il s'en distingue par le segment
terminal qui est inerme. Je l'ai trouvé assez communément
sur la côte orientale de Virginie , sous l'écorce du *Pinus
variabilis.*

POLYDESMUS , Latr.

Corps allongé , linéaire, déprimé ; segments ayant le bord proéminent ; yeux obsolètes ; pattes nombreuses ; antennes ayant le
deuxième article plus court que le troisième.

1. *P. Serratus.* Segments ayant une double série transverse d'élévations squamiformes , peu saillantes.

De mon cabinet.

Segments déprimés en dessus , avec quatre dentelures
menues de chaque côté ; le premier transversalement ovale-
oblong, un peu angulaire de chaque côté postérieurement ;
les deuxième, troisième et quatrième n'ont que trois dentelures ; le premier un peu plus long que le deuxième ,
avec une seule dentelure obsolète près de l'angle postérieur : chaque segment a une double série transverse de
douze divisions squamiformes , légèrement élevées ; le
segment antérieur n'a qu'une seule série. Tête glabre ,
avec une ligne longitudinale imprimée sur le vertex ; antennes, pattes , et segment terminal, pointus ; couleur, en
dessus d'un brun rougeâtre , en dessous d'un blanc jaunâtre.

Il est commun dans les mêmes localités que le précédent.

2 *

L'*Iulus Virginiensis* de Drury est aussi assez commun ; il semble être le synonyme du *I. tridentata* des auteurs. J'en ai trouvé des individus ayant le double de la grandeur habituelle, dans les États du sud.

Il en existe aussi une variété qui n'a que le deuxième article des pattes mucroné, et qui est dépourvue des épines robustes du ventre entre les pattes.

2. *P. Granulatus.* Segments granulés ; granulations presque égales, disposées en quatre séries.

De mon cabinet.

Corps avec des poils courts, pâle, teinté de rouge en dessous ; pattes plus pâles ; tête sombre, avec des poils courts et épais ; labre blanchâtre. Segments un peu convexes, granulés ; granulations arrondies ou longitudinalement oblongues, ovales, élevées, obtuses, rapprochées et arrangées transversalement en quatre séries à peu près régulières : segment antérieur transversalement ovale, plus rétréci que la tête ou le deuxième segment ; stigmates élevés.

Trouvé en Pensylvanie.

POLLYXENUS, Latr.

Corps membraneux, pénicillé de soies raides au sommet ; antennes insérées sous le bord antérieur de la tête.

1. *P. Fasciculatus.* Corps d'un brun pâle, linéaire ; incisures ciliées, fasciculées de chaque côté ; tête profondément ciliée antérieurement.

Il habite les États du sud.

Segments lisses, ciliés aux incisures, et fasciculés de soies brunes de chaque côté ; houppes terminales cendrées. Tête semi-orbiculaire, déprimée, profondément et abondam-

ment ciliée de soies sur le bord ; yeux petits, ovales, proéminents , placés obliquement dans le milieu du bord latéral ; antennes très-courtes, épaisses, d'un brun rougeâtre ;
pattes blanches.

Longueur , 1 1/4 ligne.

Il se trouve sous les pierres et dans les lieux humides ; il
est assez rare.

Ordre II. — SYNGNATHA.

LITHOBIUS , Leach.

Antennes conico-sétacées ; écussons dorsaux alternativement plus
courts et cachés.

1. *L. Spinipes*. Articles des pattes avec des épines courtes
au sommet, et une seule beaucoup plus longue au-dessous du sommet.

De mon cabinet.

Corps d'un brun-noisette, lisse, non-ponctué, avec des
poils courts, épars. Segments ayant les bords latéraux réfléchis ; le premier est le plus court, transverse ; le deuxième
carré , à angles arrondis ; les cinq ou six derniers rétrécis
postérieurement et émarginés sur le bord postérieur ; les
angles postérieurs de ceux qui sont près du segment anal,
plus aigus ; segment anal tronqué , conico-cylindrique.
Antennes pâles , testacées, avec des poils raides , serrés ,
courts ; article terminal aussi long que les deux précédents
ensemble. Pattes pâles , testacées ; articles épineux à l'extrémité, une épine allongée à l'extrémité de chacune en
dessous : paire antérieure, la plus courte ; la postérieure, la
plus longue et la plus robuste. Lèvre longitudinalement
échancrée, non ponctuée ; dents de l'extrémité, noires.

Longueur , 1 pouce environ.

Il est très-commun sous les pierres , etc. L'exemplaire

sur lequel j'ai fait cette description n'a que trente articles aux antennes.

CERMATIA.

1. *C. Coleoptrata,* Villiers. Il habite les États du sud ; je l'ai observé en Géorgie et dans la Floride orientale. Il est probable qu'il a été rapporté et introduit par nos vaisseaux, ainsi que beaucoup d'insectes communs dans ce pays.

SCOLOPENDRA.

Antennes conico-sétacées ; écussons dorsaux sub-égaux ; yeux, quatre de chaque côté, hémisphériques.

1. *S. Marginata.* Corps d'un vert olivâtre obscur ; segments bordés de vert sombre ; tête, couleur de châtaigne.

Il habite les États du sud. — De mon cabinet.

Corps d'un vert olivâtre obscur ; dessous blanchâtre ou fauve. Segments non ponctués, bordés de chaque côté et postérieurement de vert noir ; les premier, troisième et quatrième sont les plus courts ; les cinq ou six derniers sont plus distinctement bordés. Tête couleur de châtaigne ; antennes vertes. Pattes pâles, d'un vert bleuâtre au sommet ; les ongles noirâtres ; pattes postérieures à peine plus longues que les trois derniers segments du corps réunis : longueur des articles à peine égale au double de leur largeur ; le premier épineux en dessous et en dedans, armé à son sommet d'un angle aigu, fort et saillant.

Longueur, près de 2 pouces 1/2.

Il est assez commun en Géorgie et dans la Floride orientale ; on le trouve aussi aux Indes occidentales, mais il ne se rencontre pas au nord aussi loin que la Pensylvanie.

2. *S. Viridis*. Corps d'un vert bleuàtre; base des pattes
et tout le dessous du corps, blanchâtres.

Il habite la Géorgie et la Floride orientale. — De mon
cabinet.

Dessus du corps d'un vert bleuâtre, immaculé; segments
postérieurs bordés de jaunàtre pàle; mandibules d'un blanc
jaunâtre; pattes blanchàtres à la base, derniers articles
d'un vert bleuâtre pâle; paire postérieure, jaune pâle.

Longueur, environ 2 pouces 4 lignes.

Je ne crois pas que cette espèce habite dans le Nord aussi
loin que la Pensylvanie.

[CRYPTOPS, Leach.

Bord antérieur de la lèvre non dentelé, à peine émarginé; yeux
obsolètes; paire postérieure de pattes la plus longue; article basal
inerme.

1. *C. Hyalina*. Corps très-déprimé, blanc, avec une
double ligne interne, noiràtre; pattes postérieures ayant
cinq dents au troisième article.

Il habite la Géorgie et la Floride orientale. — De mon
cabinet.

Tête d'un brun rougeâtre, lisse, non ponctuée, avec des
poils épars, sans ligne enfoncée sur le chaperon. Antennes
d'un brun rougeâtre, velues; articles sessiles, cylindriques, les derniers arrondis. Corps blanc, lisse, avec
deux lignes noires, internes, et quelques poils épars; il
n'est pas ponctué. Pattes ayant quelques poils; pattes postérieures d'un brun rougeâtre, le premier article moins
long que deux fois sa largeur et armé, ainsi que le deuxième,
de nombreuses soies raides, courtes, avec une ligne échancrée en dessous; troisième article avec quatre ou cinq
dents en dedans; le quatrième en a deux environ.

Longueur, 7 lignes.

On a trouvé un grand nombre d'individus de cette espèce sous l'écorce d'un vieux *Quercus virens,* sur la rivière Saint-Jean, dans la Floride orientale. La position apparente des pattes postérieures le rapproche des *Scolopendra;* mais il s'en éloigne par les yeux, ainsi que des *Lithobius* par le nombre des pattes.

2. *C. Sexspinosa.* Le premier article des pattes postérieures ayant deux épines.

De mon cabinet.

Corps, ferrugineux rougeâtre, pointu : le deuxième segment est le plus court, ensuite le quatrième et le sixième ; le dernier est échancré au sommet, et armé en dessous d'une double épine proéminente, robuste. Antennes avec des poils très-courts, serrés ; articles ovales, séparés par un pédoncule très-court. Pattes ayant deux épines courtes, mobiles, au sommet externe du quatrième article ; le cinquième en a une au-delà du milieu, et une autre à l'extrémité ; pattes postérieures ayant sous la base une épine subtriangulaire, bien marquée, élevée, comprimée, aiguë, et une autre plus petite sur le côté interne en dessus, plus près du milieu.

Il est commun dans le bois pourri. Il y a une variété qui n'est pas ponctuée en dessous. J'en possède une autre variété accidentelle dont les antennes sont en massue et à cinq articles.

3. *C. Postica.* Le segment terminal du corps est le plus long ; pattes postérieures très-courtes et robustes.

Il habite la Géorgie et la Floride orientale. — De mon cabinet.

Corps roux, plus pâle en dessous, ponctué. Segments,

ayant deux lignes longitudinales, enfoncées en dessus et une autre profondément enfoncée en dessous; dernier segment plus long que les deux précédents ensemble, deux lignes obsolètes imprimées, abrégées à la base, et une autre intermédiaire plus distincte, continue. Pattes postérieures très-robustes, à peine plus longues que le dernier segment; ongle très-fort, aussi long que les deux précédents articles pris ensemble.

Cette espèce est remarquable; elle se distingue facilement des autres par sa paire postérieure de pattes très-épaisses et courtes, dont les ongles se croisent l'un sur l'autre et servent souvent à l'animal pour se défendre.

GEOPHILUS.

Paire postérieure de pattes non remarquablement plus longue que les autres; yeux obsolètes.

1. *G. Rubens.* Corps atténué antérieurement et postérieurement; dernière paire de pattes à peine plus longue que la paire précédente.

De mon cabinet.

Corps ayant toute sa largeur au milieu, non ponctué, rouge, avec des poils courts, plus nombreux sur les antennes et les pattes. Segments ayant deux lignes longitudinales enfoncées et une autre aiguë, transverse, près de la base de chacun; le dernier un peu plus long que le précédent, rétréci et arrondi au sommet. Tête ayant en dessous une tache noirâtre de chaque côté, à la base des mandibules, et une autre à la base de l'article terminal; lèvre avec une profonde fissure, non dentelée; antennes ayant l'article terminal plus long que les précédents, d'un diamètre égal, non atténué. Pattes presque égales.

Il est très-commun dans le bois pourri, sous les pierres, etc., etc.

2. *G. Attenuatus*. Corps atténué à partir de la tête ; pattes postérieures plus longues que les autres.

Il habite les États du sud.

Corps ayant toute sa largeur antérieurement , graduelle-ment atténué vers l'anus , d'un brun rougeâtre , avec quelques poils ; tête, et base des mandibules, ponctuées en dessus ; antennes sétacéo-filiformes , avec des poils courts et nombreux. Pattes plus pâles que le corps ; les postérieures plus longues que les autres.

Il se trouve sous les pierres , etc.

TOME DEUXIÈME, DEUXIÈME PARTIE (1822), pag. 353 à 360.

5ᵉ MÉMOIRE.

Note sur une espèce d'Œstrus de l'Amérique méridionale, vivant sur le corps humain,

Lue le 26 novembre 1822.

Un grand nombre d'objets d'histoire naturelle, décrits par Linné, sont aujourd'hui tout-à-fait inconnus, en dépit des recherches laborieuses faites par une foule d'observateurs zélés, depuis le temps de ce grand réformateur. La grande rareté de quelques uns de ces objets peut en être la cause, mais il est cependant plus à propos de la chercher dans sa manière habituelle de tâcher de concentrer tous les caractères d'un être dans la courte signification de quelques mots. Il paraît que cette extrême concision a eu pour but d'arrêter ou de suspendre cet usage de volumineuses descriptions dont ses prédécesseurs avaient été si prodigues ; mais tout en respectant convenablement la réputation vaste et bien méritée de ce grand naturaliste, qu'il me soit permis de dire qu'en essayant d'introduire à cet égard une réforme nécessaire, il est tombé dans l'extrême opposé.

Ainsi que beaucoup de naturalistes de l'époque actuelle, j'ai souvent senti l'incommodité de ce perfectionnement imaginaire et du tort véritable qu'il causait à la zoologie, et je désire de tout mon cœur que l'on sacrifie la briéveté à l'exactitude ; car je suis convaincu que quelque désireux que soit un auteur, et qu'il doit être réellement, de représenter l'objet qu'il a sous les yeux en aussi peu de mots que possible, il ne doit cependant jamais hésiter à se servir d'autant de mots explétifs qu'il est nécessaire pour faire distinguer d'une manière sensible un objet d'un autre, sans s'inquiéter du nombre de mots qu'il emploie pour arriver à ce but.

Il est à regretter que quelques zoologistes très-distingués, connaissant certainement cette grande difficulté à déterminer les espèces, perpétuent cependant par leur exemple et augmentent encore cet abus, en regardant comme suffisant d'ajouter à une description très-laconique la citation de quelque cabinet où l'exemplaire peut être examiné par le très-petit nombre de personnes qui en ont le moyen.

Quoiqu'on doive se faire un devoir, lorsque l'on décrit un animal, une plante ou un minéral, d'en référer à un exemplaire d'une collection, toutes les fois que cette citation est possible, il semble cependant également indispensable de donner une description détaillée de tous les caractères, afin que non seulement nos compatriotes, mais encore le naturaliste étranger et le voyageur, puissent profiter de ses avantages.

Parmi une foule de ces descriptions courtes et insuffisantes, ou plutôt de ces simples indications, je trouve dans l'édition de Turton du *Systema naturæ*, la note suivante, traduite de Gmelin, sur l'existence d'un insecte très-remarquable :

« *OEstrus hominis*. Corps entièrement brun. Il habite » l'Amérique méridionale. Linn. ap. Pall. nord. Beytr., » p. 157. Il dépose ses œufs sous la peau, sur le ventre des » naturels ; la larve, lorsqu'on l'inquiète, pénètre plus » avant et produit un ulcère qui devient souvent fatal. »

Cet insecte, que je ne puis évidemment identifier que par l'habitat, ne semble avoir été observé par aucun écrivain depuis qu'il a été indiqué par celui qui l'a découvert. Humboldt, cependant, pendant ses voyages si intéressants dans l'Amérique méridionale, fut frappé en observant certaines tumeurs sur le corps des naturels de ces pays ; il les attribua à l'action cachée de la larve d'un *OEstrus ;* mais n'ayant pas eu occasion de vérifier cette conjecture par un examen satisfaisant, il s'en rapporta à la forme et à l'apparence des tumeurs, en se rappelant probablement la description rapportée ci-dessus.

Clarck, qui a fait le meilleur écrit sur ce genre d'insectes, fait observer que l'*OEstrus hominis* est probablement une espèce bâtarde, et il ajoute « qu'il est peut-être simplement le résultat du dépôt de l'*OEstrus bovis* dans le corps humain, cas dont il y a de nombreux exemples. [1]. »

Fabricius était si parfaitement convaincu de la non-existence de l'*OEstrus hominis* comme espèce distincte, que dans son *Systema Antliatorum* il n'a fait aucune mention de ce nom ni de cette description.

Le plus savant des entomologistes vivants, M. Latreille, fait remarquer [2] qu'aucun des auteurs qui ont parlé de cet insecte, ne l'a vu dans son état parfait; aussi croit-il probable que les larves qu'ils ont voulu indiquer étaient celles de la *Musca carnaria* de Linné ou de quelque autre espèce analogue; il ajoute que toutes les larves des *OEstrus* connus vivent sur les quadrupèdes des ordres Herbivores et Rongeurs.

Quoique je n'aie pas vu l'insecte en question dans son état parfait, je veux tâcher de montrer dans cet écrit, à l'aide, je crois, de preuves suffisantes, qu'il existe dans l'Amérique méridionale un *OEstrus* à ajouter au catalogue des ennemis de l'homme, susceptible d'augmenter sensiblement les afflictions humaines, et de prouver que cette espèce est tout-à-fait distincte de l'*OEst. bovis* auquel l'ingénieux Clarck penchait à la rapporter.

Le docteur Harlan m'a offert, il y a quelques jours, pour l'examiner, un petit animal conservé dans l'alcool, res-

---

[1] Rees' Cyclopædia, article *Bots.*

[2] Nouveau Dict. d'Hist. nat.; article *OEstre.*

semblant, au premier coup d'œil, à un ver parasite ; mais après une légère observation , j'acquis l'évidence que c'était réellement une larve d'*OEstrus ;* il m'apprit qu'il l'avait reçue du docteur Brick qui l'avait retirée de sa propre jambe pendant un voyage qu'il fit dans l'Amérique méridionale.

Description. La forme de la larve est en massue, la moitié postérieure de toute la longueur étant dilatée et un peu déprimée ; les segments de cette portion sont armés de séries transversales de tubercules cornés, petits, noirs, dilatés à leur base, diminuant assez brusquement près de leur sommet en un crochet filiforme, courbé, dirigés en avant et avec la terminaison aiguë ; ces séries sont au nombre de six sur le dos et les côtés, placées deux à deux, et au nombre de trois sur l'abdomen ; près de la terminaison postérieure du corps, il y a des tubercules nombreux, menus, présentant le même caractère que les autres, excepté qu'ils ne forment point de séries régulières ; la moitié antérieure du corps est entièrement glabre, cylindrique, ou plutôt conique-allongée, d'un diamètre beaucoup plus petit que la portion postérieure et tronquée à son sommet ; les appendices de la terminaison postérieure du corps sont courts, et la fissure intermédiaire est assez étroite.

Longueur totale, 6 lignes ; la plus grande largeur a près de 2 lignes. — Du cabinet de l'Académie.

Observations. On peut conclure de cette description que la larve en question correspond à celle de l'*OEst. Bovis,* en ce qu'elle est dépourvue de crochets à la bouche ; mais elle en diffère grandement par la forme générale, car la larve du *Bovis* est oblongue-ovale, à peine plus rétrécie à une extrémité qu'à l'autre. Des séries de petits crochets, qui remplissent les fonctions de pattes, paraissent être, dans cette dernière espèce, bien différentes du même appareil dans la présente larve ; la ligne supérieure de chaque double série étant étroite et composée en apparence d'un seul rang de crochets, tandis que la ligne inférieure est beaucoup plus dilatée et les crochets beaucoup plus nombreux que dans la ligne supérieure; en effet, les séries de crochets dans la larve de l'Amérique méridionale sont plutôt comme celles des larves des *OEst. equi* et *hæmorrhoidalis* que de la larve imparfaite des *bovis* ou *ovis*. Mais indépendamment de ces considérations, le seul caractère de la forme très-atténuée de la partie antérieure du corps de cette larve la distingue parfaitement, et au premier abord, de toute autre espèce connue de cette famille; tandis qu'en même temps, la description ci-dessus, ainsi que l'habitat, indiquent assez qu'elle ne peut appartenir à un autre groupe, et me justifieront, je pense, de rétablir à sa place dans le système de Linné, l'*OEstrus hominis*. Je ne saurais déterminer, quant à présent, à quel genre de ceux établis récemment par Latreille il appartient, quoique je puisse peut-être le rapporter sans crainte, pour le moment, aux *Cuterebra* [1] de Clarck.

Depuis la lecture de la note ci-dessus à l'Académie, le docteur Harlan m'a communiqué l'extrait suivant, très-intéressant, qu'il a reçu de la personne de la jambe de laquelle cette larve a été retirée :

Après une journée de marche par une chaleur étouffante, j'allai me baigner pour me délasser dans le Chama, ruisseau qui se vide dans la lagune de Maracaïbo. Un instant après être sorti de l'eau, je fus piqué par un insecte, à la jambe gauche, au-dessus de la partie antérieure et supérieure du tibia ; j'en ressentis pendant plusieurs jours de grandes démangeaisons, mais sans douleur, et je continuai mon voyage plusieurs jours encore sans en être très-incommodé,

---

[1] Wiedemann me dit, dans une lettre qu'il m'a adressée, qu'il préfère le nom de *Trypoderma* pour ce genre.

si ce n'est que de temps à autre et pendant deux ou trois minutes je ressentais une douleur aiguë et subite et qui cessait également tout-à-coup. A mon arrivée, et pendant mon séjour à Rosario de Cucuta, je marchais avec difficulté ; il y avait une enflure considérable au-dessus du tibia, ayant l'apparence d'un *phlegmon* et au milieu une petite marque noire ; on y appliqua les remèdes ordinaires sans effet, et la tumeur devint plus irritée et enflammée et continua ainsi pendant plusieurs jours, accompagnée de temps à autre d'une douleur si aiguë qu'elle était intolérable pendant quelques minutes.

En retournant à Maracaïbo, j'avais le Cottatumba à descendre dans un bateau ouvert, sans aucun abri, et le corps mouillé par les pluies froides qui tombaient chaque nuit ; je souffrais beaucoup, et cette tumeur ne me laissait presque aucun repos ; les douleurs étaient plus aiguës aux périodes particulières que d'habitude ; je résolus donc pendant ce voyage qui dura douze jours de la scarifier, et j'eus recours aux applications ordinaires, mais sans succès. Par moments je m'imaginais sentir quelque chose remuer, et je soupçonnai que quelque animal devait être sous la peau.

Arrivé à Maracaïbo, je pouvais à peine marcher et je fus en quelque sorte consigné à mon logement. Cet état dura encore deux semaines ; la tumeur avait commencé à se vider, mais les douleurs à certaines périodes étaient toujours aussi fortes. Enfin, après avoir épuisé presque tous les moyens, il me vint à l'idée d'essayer un cataplasme de tabac que j'appliquai plusieurs nuits sur la tumeur que j'avais de nouveau scarifiée ; pendant le jour je la couvrais fréquemment de cendre de cigare : au lieu d'eau je m'étais servi de rhum pour faire le cataplasme. Le quatrième jour au matin, je sentis un grand soulagement, et le cinquième je retirai avec un forceps le ver que vous possédez actuellement et qui alors était mort.

En peu de jours la plaie fut belle et tout-à-fait guérie en

dix jours, quoique de temps à autre je ressente encore une forte douleur dans la partie d'où le ver a été retiré. Il s'était avancé sur le périoste, le long du tibia, de deux pouces au moins. J'attribuai la douleur vive que je ressentais à certaines périodes, à l'irritation de quelques branches de nerfs rompues par le ver à mesure qu'il s'avançait.

A l'égard de ce ver il existe différentes opinions entre les Espagnols et les naturels. *Ouche* est le nom que lui donnent quelques uns, qui disent qu'il est produit par un ver qui monte de la terre sur le corps et en pénétrant dans la peau prend de l'accroissement. D'autres assurent qu'il est produit par la piqûre d'un insecte ailé qu'ils appellent *Zancudo*[1]; d'autres enfin le nomment *Husano;* quant à moi, je penche à croire qu'ils sont produits par la piqûre d'un insecte ailé qui dépose ses œufs.

N. B. Lors même que l'on viendrait à prouver que la forme de la partie antérieure de cette larve est due à la violence employée dans l'extraction, ce dont il n'y a aucune apparence, elle restera cependant encore distincte des autres espèces connues.

---

[1] Le mot *Zancudo* est employé par les Espagnols de l'Amérique méridionale pour désigner plusieurs espèces de *Culex.*

TOME TROISIÈME, PREMIÈRE PARTIE (1823), pag. 9 à 54.

6ᵉ MÉMOIRE.

Descriptions de Diptères des États-Unis,

Lues le 24 décembre 1822.

Les diptères qui ont servi pour les descriptions suivantes ont été, en grande partie, recueillis par moi, pendant la dernière expédition aux montagnes Rocheuses, sous le commandement du major Long, et sous le patronage de M. Calhoun, le ministre actuel de la guerre.

Un grand nombre de ces insectes paraissent être communs aux États de l'Union, dans cette immense région renfermée entre les montagnes Rocheuses et l'océan Atlantique, entre les parallèles 35° de latitude et 41° nord; d'autres sont probablement restreints aux États du sud, et quelques uns n'ont été observés que près de la rivière Missouri. Le long de la base des grandes Andes du nord, où une infinité d'animaux et de plantes nouveaux et extrêmement intéressants ont été découverts pour la première fois par cette expédition, nous avons trouvé aussi des insectes très-curieux de l'ordre dont je vais parler.

Les exemplaires sont dans mon cabinet.

CULEX. *Linn.*

1. *C. Punctipennis.* Corps roux foncé, couvert de poils d'un ferrugineux cendré; pattes allongées; ailes maculées.

Il habite les États-Unis.
Orbites, d'un cendré vif; yeux, d'un noir foncé; antennes et proboscis, d'un brun foncé ou noirâtre, immacu-

lées ; corselet, d'un roux sombre avec des lignes noirâtres obsolètes, et couvert de poils d'un cendré ferrugineux ; ailes poilues, sombres, une bande pâle à peine visible après le milieu et des taches sombres obsolètes ; écusson glabre, d'un roux foncé avec une bande bleuâtre longitudinale ; balanciers jaunes à la base ; pattes allongées, d'un brun foncé ou noirâtre ; poitrine, couleur de plomb de chaque côté au-dessus des pattes postérieures.

Il est probable que cette espèce est celle que Fabricius regarde comme étant la *Pulicaris* d'Europe ; elle est commune sur le Mississipi et incommode les voyageurs. Lorsque l'insecte est au repos, les ailes l'une sur l'autre, la bande pâle est très-distincte ; avant de se dessécher, les yeux sont d'un bleu verdâtre. J'ai observé cette espèce en nombre considérable sur le bord oriental du Maryland. Les taches sombres sur les ailes de cette espèce sont occasionnées par les poils qui sont plus serrés dans ces endroits.

2. *C. 5—Fasciatus.* Corps revêtu de poils cendrés ; abdomen annelé de noirâtre.

Il habite les États du sud.

Yeux d'un noir sombre ; antennes brunes, région de la base plus pâle ; proboscis noire ; corselet avec une bande dorsale brune dilatée ; poitrine variée de noirâtre de chaque côté ; balanciers entièrement blanchâtres ; écusson glabre ; ailes, avec les nervures sombres, immaculées ; pattes moyennes, brunes ; cuisses blanchâtres ; abdomen cendré, avec cinq larges bandes noires en dessus ; anus noir en dessus.

Longueur, environ 2 1/2 lignes ; proboscis, 1 1/4 ligne.

Cette espèce est très-nombreuse et très-incommode. Nous l'avons trouvée en immense quantité sur le Mississipi, en mai et juin. Le poil qui la recouvre tombe facilement, et lorsqu'on en prend un individu avec la main, le derrière du corselet, ainsi mis à nu par le toucher, laisse voir les bandes dorsales d'une couleur noirâtre, confluentes à la base, ainsi qu'une tache ovale noire de chaque côté. Les anneaux de l'abdomen sont quelquefois d'un brun foncé ou même clair. Les jambes sont plus courtes que dans l'espèce précédente, mais également non annelées.

3. *C. Damnosus.* Rostre et tarse annelés de blanc.

Il habite la Pensylvanie.

Tête en dessus avec des poils assez longs, d'un jaune ferrugineux ; antennes d'un brunâtre pâle ; rostre noirâtre, avec une large bande blanche sur le milieu ; corselet noir, avec trois lignes cendrées, revêtu de poils courts d'un jaune ferrugineux ; écusson testacé sombre ; pleures grisâtres ; pattes pâles, couvertes de poils noirâtres ; articles des tarses, excepté le premier, blanchâtres à leurs bases ; tergum brun, bords des segments d'un cendré blanchâtre à la base.

Longueur, 3 1/4 lignes.

C'est un de nos plus communs et plus incommodes *moschettos*. Il semble correspondre en quelque point au *Cingulatus* Fabr., quoique l'on doive inférer de sa description que les tarses postérieurs seulement sont annelés. Wiedemann regarde le *Cingulatus* comme le mâle de son *Molestus*, dont tous les tarses sont annelés comme dans la présente espèce. Je m'en rapporte cependant à la description de Wiedemann, et je le considère en conséquence comme une espèce distincte, d'autant plus que le corselet n'est pas « lateribusque niveis » ; et je ne puis croire qu'avec son exactitude vraiment admirable, il n'eût pas parlé de l'annelure du proboscis qui existe certainement dans cette espèce-ci.

4. *C. Triseriatus.* Bord antérieur des ailes brun ; tergum avec des taches blanches de chaque côté.

Il habite la Pensylvanie.

Corps brun ; stéthidion brun livide ; corselet, avec des poils blancs de chaque côté ; pleures, avec deux taches de poils blancs ; pattes pâles, couvertes de poils sombres ; cuisses nues, noirâtres en dessus, près du sommet ; tergum, avec une tache blanche triangulaire à la base de chaque segment, de chaque côté ; chaque tache s'étend sur l'abdomen en forme de bande, interrompue de chaque côté du milieu, formant ainsi trois taches sur chaque série à cet endroit ; les médianes sont presque tout-à-fait réunies en une ligne longitudinale.

Longueur du mâle, 2 1/2 lignes.

Les taches blanches contrastent fortement avec la couleur brune de l'abdomen.

CHIRONOMUS. *Meig.*, *Wied.*

1. *C. Lobiferus.* Segments de l'abdomen avec un lobe à leurs bases.

Il habite les États-Unis.

Antennes d'un jaunâtre brun ; corselet cendré pâle, les trois lignes testacées ; écusson et métathorax testacés ; ailes blanches, avec un point brunâtre pâle, obsolète près du milieu ; poitrine testacée ; pattes d'un jaunâtre pâle ; tergum un peu glauque ; les segments ont la base et la ligne longitudinale noires obsolètes ; sur le milieu de la base des deuxième, troisième, quatrième et cinquième segments, il y a un petit lobe, légèrement élevé, longitudinalement ovale, s'étendant presque un tiers de la longueur du segment.

Longueur, 3 1/2 lignes.

2. *C. Festivus.* Corps pâle, et d'un vert léger lorsqu'il n'est pas desséché ; poitrine, avec trois lignes thoraciques , et l'écusson testacés ; ailes blanches.

Il habite les États-Unis.

Corps d'un jaunâtre brun-pâle, d'un vert pâle lorsqu'il n'est pas desséché ; tête, testacée à la base des antennes ; antennes d'un brun léger ; yeux d'un noir foncé ; corselet, avec trois lignes testacées ; écusson testacé ; ailes blanches, immaculées ; poitrine, testacée entre les deux paires antérieures de pattes ; pattes pâles, poilues ; cuisses vertes ; tarses sombres aux incisures ; pattes antérieures presque nues, les tarses poilus ; abdomen ayant les deuxième, troisième, quatrième et cinquième segments marqués de noirâtre à leurs sommets en dessus.

Longueur de la femelle, 4 lignes.

Il a été observé particulièrement dans l'État des *Illinois.*

3. *C. Modestus.* Stéthidion jaunâtre , abdomen vert de poix.

Il habite la Pensylvanie.

Yeux noirs ; antennes, la tige brune ; elles sont blanchâtres à leur base ; humerus, écusson et intervalles entre les lignes dilatées du corselet, pâles ; ailes immaculées, bord costal près le sommet un peu sombre ; pattes d'un blanc verdâtre, tibia antérieur et tarses sombres.

Longueur du mâle, 2 1/2 lignes.

4. *C. Geminatus.* Corselet brun ; pleures grises ; abdomen blanc, annelé de noir.

Il habite la Pensylvanic.

Humerus gris, de la couleur des pleures ; poitrine livide ; pattes blanches ; cuisses noirâtres, pâles à leur base ; tibia à la base et au sommet, tarses au sommet, bruns ; abdomen, trois doubles bandes larges, disposées ainsi : le deuxième segment, brun à l'exception du bord postérieur ; le troisième segment, brun sur le bord basal ; le quatrième, brun, excepté au bord postérieur ; le cinquième, brun sur la moitié de la base ; le sixième et le septième entièrement bruns.

Longueur, 1 3/4 lignes.

5. *C. Lineatus*. Ailes blanches ; stéthidion jaunâtre testacé ; une ligne longitudinale brune sur la ligne antérieure dilatée.

Il habite la Pensylvanie.

Corselet verdâtre pâle, les trois lignes dilatées jaunâtres, testacées ; une ligne étroite, longitudinale, très-distincte et brune, sur la ligne dilatée antérieure, et d'un vert assez obsolète postérieurement ; écusson pâle ; ailes immaculées ; pattes blanchâtres, incisures des genoux des pattes intermédiaires et postérieures, brunes ; tergum verdâtre, bords postérieurs des incisures sombres.

Longueur de la femelle, près de 1 3/4 lignes.

6. *C. Stigmaterus*. Tergum pâle, glauque vers le sommet.

Il habite les États-Unis.

Antennes d'un jaunâtre brun-pâle ; corselet, cendré pâle ; les lignes d'un testacé très-pâle, quelquefois teinté de brunâtre. Écusson jaunâtre ; métathorax brun-rougeâtre ; ailes blanches, avec une tache brune sous-centrale ; poitrine testacée ; pattes d'un jaunâtre pâle ; tergum ayant les segments de la base d'un brun-rougeâtre pâle, avec les sommets blancs et les segments terminaux un peu glauques.

Longueur du mâle, 3 1/2 lignes.

TANYPUS. *Meig*.

1. *T. Annulatus*. Tergum annelé de brunâtre ; ailes nuagées de brunâtre avec trois ou quatre points noirâtres.

Il habite la Pensylvanie.

Tête et stéthidion d'un brun-rouge ; sur le corselet, la
ligne antérieure dilatée a une autre ligne brune le long de
son milieu ; pattes blanches, cuisses ayant un anneau près
du sommet, et tibia également avec un anneau à la base et
deux près du sommet, bruns ; ailes avec de larges taches
brunâtres, obsolètes ou formant des espèces de nuages,
trois ou quatre points d'un noir-brun, dont deux sont vers
le milieu de l'aile et les autres sur le bord costal près du
sommet ; sur le tergum, les segments ont un anneau brunâtre à leurs bases.

Longueur du mâle, environ 1 3/4 lignes.

2. *T. Tibialis*. Corselet d'un brun-rougeâtre ; tibias blancs
à la base ; abdomen blanc ; une double bande sur le milieu
et le sommet, noirs.

Il habite la Pensylvanie.

Ailes immaculées ; balanciers blancs ; pattes brunes, la
moitié du tibia, à partir de la base, blanche ; tergum,
ayant le deuxième segment avec une tache de chaque côté,
les deux segments du milieu avec une bande chacun dont
l'antérieure est beaucoup plus large, et les segments terminaux d'un brun foncé ; pleures jaunâtres.

Longueur du mâle, plus de 5/8 ligne.

CORETHRA. *Meig*.

1. *C. Punctipennis*. Blanchâtre ; ailes et pattes ponctuées
de brun.

Il habite la Pensylvanie.

Poils des antennes d'un blanc-jaunâtre, le centre des

articles est brun, ce qui fait que la tige des antennes est annelée en apparence ; yeux noirs ; corselet avec trois larges lignes, courtes, d'un brun-jaunâtre pâle, celle du milieu prenant naissance au-dessus et se terminant au centre du disque, les latérales partant d'un peu avant le milieu ; pattes avec de nombreux petits points bruns ; ailes avec taches nombreuses d'un brun très-marqué.

Même grandeur que le *C. Culiciformis,* de Géer, Meig.

MYCETOPHYLA. *Meig.*

1. *M. Ichneumonea.* D'un brun-jaunâtre pâle ; ailes avec une tache brune ; tergum brunâtre en dessus.

Il habite la Pensylvanie.

Tête teintée de roux ; yeux noirs ; corselet un peu poilu, immaculé ; pattes blanchâtres ; tarses brunâtres ; ailes pellucides, nervures d'un brun pâle, une tache brune sur la jonction des nervures : abdomen fusiforme, un peu comprimé ; deuxième, troisième et quatrième segments, particulièrement le premier, d'un brun rougeâtre en dessus.

Longueur, 1 3/4 ligne.

Cet insecte appartient à la première division du genre de Meigen.

CAMPYLOMYZA. *Meig., Wied.*

1. *C. Scutellata.* Noir, écusson testacé ; pattes jaunâtres ; ailes hyalines ; nervures à la base, d'un jaunâtre pâle ; balanciers jaunâtres.

Il habite le Missouri.

Longueur, presque 1 1/4 ligne.

ERIOPTERA. *Meig.*

1. *E. Caliptera*. Ailes brunes, tachetées de blanc ; cuisses intermédiaires et postérieures bi-annelées de noir.

Il habite le Missouri.

Corps jaunâtre pâle ; corselet avec deux lignes brunes en dessus, et une autre de chaque côté au-dessus des ailes ; ailes d'un brun foncé, avec environ treize taches marquées le long des bords et un grand nombre d'un peu plus petites sur le disque, blanches ; nervures poilues ; cuisses antérieures avec une ligne noirâtre près le sommet ; cuisses intermédiaires et postérieures avec un anneau sur le milieu et un autre près du sommet, noirâtres ; abdomen teinté de brunâtre, une ligne dorsale plus sombre et des incisures longitudinales sur les côtés.

Longueur, plus de 1 3/4 ligne.

CTENOPHORA. *Meig.*

1. *C. Fuliginosa*. Sombre, ailes tachetées de blanc, abdomen rayé de jaune.

Il habite le Missouri.

Corps brun foncé ; corselet rayé de jaunâtre antérieurement ; ailes fuligineuses, avec environ trois taches blanches sur le bord antérieur et une autre transverse oblique sur le disque, atteignant le bord postérieur ; pattes courtes, d'un testacé pâle ; sommets des cuisses, des tibias et des tarses, noirâtres ; tergum brun, avec deux lignes jaunes dilatées ; ventre jaune, bande centrale obsolète et bords postérieurs des segments noirâtres.

Longueur, environ 1 1/4 ligne.

2. *C. Abdominalis*. Abdomen d'un fauve vif, bordé de noir ; ailes tachetées de brun.

Il habite la Pensylvanie.

Tête, d'un jaunâtre terne ; rostre, palpes, et antennes, d'un brun foncé ; front, avec une ligne noire transverse à la base des antennes, et une autre de chaque côté, allant des antennes au rostre ; occiput brunâtre ; corselet cendré, une double ligne noire longitudinale, raccourcie postérieurement, et trois taches noires de chaque côté dont deux sont oblongues et l'intermédiaire sub-carrée ; collier pâle avec trois taches noires ; écusson jaunâtre sale, une tache noire oblique de chaque côté ; pleures grises avec une bande longitudinale allant de la tête à l'abdomen ; ailes avec quatre taches brunes sur la côte marginale et une autre plus petite après le carpe ; nervures brunes, légèrement marginées, celle du milieu, qui est fourchue, est sous-marginée de blanc ; la côte marginale entre les taches blanches, et la marge postérieure, à partir de la dernière nervure jusqu'au sommet, ont des taches brunes et blanches alternativement ; tergum fauve vif, avec les segments de la base et du sommet et une large bande latérale, noirs ; ventre fauve plus pâle, segments postérieurs nuancés de brunâtre et ayant une ligne noire longitudinale ; pattes noires, un anneau blanc à la base des tibias ; cuisses pâles, avec un anneau noir au sommet.

Longueur, 17 lignes.

C'est une des plus grandes et des plus belles espèces que nous possédions du genre *Tipula* de Linné.

LIMNOBIA. *Meig.*

1. *L. Fasciapennis*. Ailes blanches, avec quatre bandes brunes, marbrées ; pattes pâles, noirâtres au sommet des cuisses.

Il habite les États-Unis.

Dessus du corps cendré-roux ; yeux d'un noir foncé ; antennes brunes ; les premier et deuxième articles noirs ; les troisième et quatrième jaunâtres ; palpes noirs ; ailes blanches, avec environ quatre bandes d'un brun foncé, très-dilatées, marbrées, dont une est terminale et l'autre allongée jusqu'à la base, une petite tache costale entre la deuxième et la troisième bande ; balanciers brunâtres, capitule blanc ; pattes d'un roux-pâle, cuisses marquées de brun à leur sommet ; abdomen ayant sur chaque segment une marque en forme de croix, brune, obsolète, la ligne transverse noire.

Longueur de la femelle, 7 lignes ; le mâle est un peu plus court.

Cette espèce se rencontre fréquemment sur les bords du Mississipi. Les nervures des ailes correspondent à celles de l'aile représentée, pl. 6, fig. 4, des Descriptions des Diptères d'Europe par Meigen.

2. *L. Macrocera*. Couleur de poix noirâtre, poli ; ailes avec trois taches ; antennes plus longues que le corps.

Il habite la Floride orientale.

Rostre, premier et deuxième articles des antennes, et partie inférieure du front, jaunâtres ; vertex couleur de poix ; antennes poilues sur toute leur longueur, troisième et quatrième articles avec une petite épine verticale au sommet ; balanciers et pattes d'un blanc jaunâtre ; cuisse et tibias brunâtres au sommet ; ailes avec trois larges taches brunes dont une est près la base, la deuxième sur le milieu de la côte marginale n'atteint pas le bord, et la troisième forme presque une bande à travers la jonction des nervures ; abdomen d'une couleur moins intense que le corselet, les trois ou quatre segments du milieu d'un jaunâtre pâle à la base.

Longueur, 3 1/2 lignes.

La disposition des nervures des ailes diffère de toutes

celles des espèces représentées par Meigen ; elles se rapprochent cependant plus de celles de la fig. 7, pl. 5, que de toute autre.

3. *L. Tenuipes*. Corselet livide ; épaule jaunâtre ; ailes brunâtres.

Il habite la Pensylvanie.

Antennes longues, noirâtres ; vertex brun ; corselet livide ; épaule jaune rougeâtre ; nervures disposées comme dans la fig. 2, pl. 6 de Meigen ; pleures et poitrine d'un jaune-rougeâtre ; pattes longues et grêles, noirâtres, pâles à la base ; tergum brunâtre-livide, les segments un peu plus foncés sur leurs bords postérieurs ; abdomen blanchâtre.

Longueur, 5 lignes.

Cette espèce se trouve en abondance pendant l'automne à Harrowgate, dans les endroits humides, et en compagnie du *T. Flavicans,* Fabr.

4. *L. Cinctipes*. Jaunâtre ; ailes variées de brunâtre ; cuisses bi-fasciées au-delà du milieu.

Il habite le Missouri.

Corps, jaunâtre-pâle ; corselet avec trois lignes noires, la médiane double et se terminant à l'incisure centrale ; lignes latérales interrompues antérieurement et continuées postérieurement jusqu'à leur réunion à la base du tergum ; ailes variées de noirâtre, avec quatre taches distantes sur la côte marginale ; la terminale est semi-circulaire et la pénultième continuée en une bande très-irrégulière vers le bord postérieur, qui a quatre taches très-mêlées ; celle qui est terminale continue en forme de bande à travers le sommet ; abdomen jaune, un peu varié de noir ; cuisses avec deux annelures noires au-delà du milieu.

Longueur, environ 5 1/2 lignes.

Les nervures des ailes se rapportent à celles de la fig. 5, pl. 6, de Meigen, excepté qu'il y a trois nervures sur la côte marginale comme dans les figures 5, 7 et 8 de la pl. 5.

5. *L. Humeralis*. Brunâtre, pâle en dessous; ailes hyalines, immaculées.

Il habite la Pensylvanie.

Antennes brunes, premier article et rostre d'un jaunâtre terne; front et vertex d'un cendré terne; corselet livide foncé; humerus, deux lignes obsolètes et le bord latéral jusqu'aux ailes, jaunâtres; pleures et poitrine d'un jaune pâle; écusson et métathorax de même couleur que le corselet; nervures d'un brun foncé, correspondant par leur arrangement à la fig. 2, pl. 6, de Meigen; pattes d'un brun foncé; tergum jaunâtre terne, avec une ligne noire; ventre blanc.

Longueur du mâle, 5 lignes.

6. *L. Rostrata*. Pattes allongées, ailes tachetées, rostre presque trois fois aussi long que la tête.

Il habite la Pensylvanie et le Maryland.

Antennes, rostre et vertex, bruns; corselet cendré, avec trois lignes brunes, la médiane raccourcie postérieurement et les latérales antérieurement; les ailes ont cinq taches subégales, brunes, sur la côte marginale, dont la pénultième est à peu près la plus large, ainsi qu'une autre tache à chaque terminaison d'une nervure au bord interne et au sommet; les nervures qui se joignent sont aussi bordées de brun; pattes pâles.

Longueur du mâle, 2 3/4 lignes.

Cette espèce se trouve sur les fleurs : elle ressemble au *L. Longirostris*, Wied., par la forme du rostre et l'arrangement des nervures, et, ainsi que cet insecte, elle semble devoir être séparée des *Limnobia* pour former un genre distinct.

TIPULA. *Linn., Meig.*

1. *T. Cunctans.* Ailes avec une côte marginale brune ; tergum avec une ligne brunâtre.

Il habite la Pensylvanie.

Rostre, bouche et base des antennes, d'un jaune-rougeâtre pâle ; fouet brunâtre ; front et vertex, cendrés ; collier pâle avec une ligne brunâtre ; corselet brun, deux lignes pâles distantes sur le disque, confluentes postérieurement, et une autre de chaque côté passant sous les ailes ; ailes brunâtres ; nervures brunes ; la côte marginale brune est interrompue près le stigma par une tache pâle obsolète ; balanciers brunâtres, pédoncules jaunâtres ; pattes noirâtres ; cuisses et tibias plus pâles à la base ; pleures grises ; abdomen, brunâtre jaune-pâle, avec une ligne distincte brune sur le tergum ; les segments sont aussi bordés postérieurement de brunâtre.

Longueur, 9 lignes.

Même disposition des nervures que dans l'espèce précédente.

2. *T. Costalis.* Ailes avec une côte marginale brune ; antennes annelées ; segments du tergum avec une ligne transverse interrompue.

Il habite la Pensylvanie et le Maryland.

Tête cendrée ; rostre et antennes jaunâtres ; articles de ces dernières, excepté les trois de la base, bruns à la base ; corselet jaunâtre-brun, avec une ligne plus foncée ; écusson et métathorax pâles ; pleures blanchâtres ; pattes d'un jaunâtre-brun terne ; ailes avec une côte marginale brune, s'étendant jusqu'à l'extrémité du carpe ; tergum brun-jaune pâle, les segments ont le bord postérieur brun, et deux taches linéaires placées en ligne transversale.

Longueur, 7 lignes.

La disposition des nervures des ailes est presque semblable à celle de la fig. 9, pl. 6, de Meigen.

3. *T. Macrocera*. Jaunâtre pâle, antennes allongées.

Il habite la Pensylvanie.

Moitié inférieure du rostre dans sa longueur, d'un brun-rougeâtre ; palpes brunâtres ; antennes ayant deux fois la longueur de la tête et du corselet, deuxième article très-petit, troisième aussi long que le quatrième et le cinquième ensemble, les autres un peu brunâtres, dilatés à leurs bases et un peu excavés à leur milieu ; ailes immaculées ; nervures, tache et interstice de la première et de la deuxième nervures d'un jaunâtre terne ; pattes d'un brunâtre pâle ; abdomen un peu plus foncé que le corselet, avec trois rangées de taches noires, une sur les côtés et l'autre sur le ventre ; pleures et poitrine d'un blanc jaunâtre.

Longueur, 5 1/2 lignes.

Les antennes par leur longueur, par leurs deuxième et troisième articles, et la forme de ceux du fouet, rapprochent cet insecte du genre *Nephrotoma ;* mais comme elles n'ont que treize articles, cet insecte est un *Tipula*.

4. *T. Collaris*. Corselet noir-bleuâtre, rayé de jaune ; tergum jaune avec des bandes noirâtres.

Il habite la Pensylvanie.

Tête fauve ; antennes, premier et deuxième articles un peu plus pâles que la tête ; palpes bruns, pâles à la base ; occiput noir ; corselet noir-bleuâtre, le collier a deux lignes de chaque côté confluentes antérieurement et postérieurement ; écusson et métathorax d'un jaune vif ; le dernier a au sommet deux taches confluentes, d'un noir-bleuâtre; balanciers bruns, capitule jaunâtre : ailes avec une marque brune; nervures brunes, d'une disposition différente de celles de l'espèce précédente et de celles figurées par Meigen; pattes brunes, base des cuisses pâle; tergum jaune, segments d'un brun-noir sur la moitié postérieure; ventre jaune pâle, segments sombres sur leur moitié postérieure, avec un reflet argenté.

Longueur, un peu plus de 5 lignes.

5. *T. Annulata*. Un stigmate brun foncé; abdomen pâle, annelé de noir.

Il habite la Pensylvanie.

Antennes brunes, premier et deuxième articles blanchâtres; rostre et partie inférieure du front blanchâtres; vertex et occiput sombres; palpes bruns; corselet brun-jaunâtre, les lignes enfoncées plus pâles; métathorax livide clair; ailes avec un stigmate brun, nervures brunes, disposées comme celles de la figure 9, pl. VI, de Meigen; pattes d'un brunâtre sombre; abdomen blanc-jaunâtre; les incisures et leurs bords noirs, formant des anneaux parfaits.

Longueur, 5 lignes.

6. *T. Trivittata*. Ailes avec quatre bandes brunes; tergum jaune, avec une bande latérale et une dorsale brunes.

Il habite la Pensylvanie.

Tête obscure; front, rostre, et base des antennes, pâles; corselet cendré blanchâtre, rayé de brun léger, les raies doubles; collier avec une ligne brune et une tache latérale obscure; écusson et métathorax avec une ligne brune; pleures et poitrine grises; balanciers blanchâtres, capitule brun; ailes avec des nervures brunes marginées, bandes brunes et lunules blanches; entre la première et la

deuxième bande, il y 'a une demi-bande sur le bord inférieur ; la deuxième bande renferme une tache blanche sur
la côte marginale ; pattes obscures ; tergum avec une ligne
brune longitudinale ; segments avec des triangles latéraux
bruns et une ligne dorsale transversale, raccourcie près du
milieu de chacun.

Longueur, 11 lignes.

Les nervures ressemblent à celles de l'espèce précédente.

SCIOPHILA. *Hoff.*

1. *S. Fasciata.* Jaunâtre pâle ; corselet avec trois raies ;
tergum fascié de brun.

Il habite la Pensylvanie et le Maryland.

Sommet des antennes et vertex, bruns ; corselet ayant une
double ligne médiane, d'un brun clair, atténuée et abrégée
postérieurement, une ligne dilatée, d'un marron foncé de
chaque côté, abrégée antérieurement, et une autre petite,
obsolète, au-dessus de l'origine des ailes ; pleures, avec une
tache obscure sur l'insertion de chaque patte, placée trian-
gulairement, l'inférieure aussi est triangulaire ; tibias et
tarses un peu obscurs ; segments du tergum bruns sur leurs
bords postérieurs.

Longueur, 2 1/2 lignes.

RYPHUS. *Latr., Meig.*

1. *R. Marginatus.* Ailes tachetées ; corselet, avec trois
lignes brunes.

Il habite la Pensylvanie.

Tête d'un brun rougeâtre-terne, vertex noirâtre ; corselet
cendré, avec trois lignes rousses dont la médiane est abrégée postérieurement et les latérales antérieurement ; ailes ,

avec trois taches brunâtres sur la côte marginale; pattes blanchâtres, articles un peu obscurs; tergum noirâtre au sommet, pâle à la base.

Longueur, 2 1/4 lignes.

Le nombre, la forme et la disposition des taches des ailes, sont les mêmes que dans le *Sciara Punctatus,* Fabr. Il en diffère cependant, entre autres particularités, par la couleur des lignes du corselet.

2. *R. Alternatus.* Côte marginale de l'aile au-delà du milieu avec trois taches brunes alternant avec des lignes blanches.

Il habite la Pensylvanie.

Corps brun-noirâtre; corselet avec trois lignes noires, dont l'intermédiaire est double; pattes courtes; ailes hyalines, jonctions des nervures légèrement bordées de taches brunes sur la côte marginale, placées, une sur le milieu de la longueur, ensuite une tache blanche très-sensible sur le bord de l'aile, puis une brune, puis une autre blanche divisée en deux compartiments par une nervure, enfin une troisième tache brune, terminée au sommet de l'aile par une troisième tache blanche.

Longueur du mâle, jusqu'au sommet des ailes, 2 3/4 lig.

Son facies est différent de celui des autres espèces que je connais.

SIMULIUM. Latr.

1. *S. Venustum.* Noir; corselet, deux taches perlées antérieurement et une autre plus grande postérieurement; balanciers noirs, avec le capitule jaune vif, dilaté.

Il habite Shippingsport.

Corps noir; ailes blanchâtres avec des reflets jaunes et irisés.

4 *

Mâle. Yeux très-grands, séparés seulement par une ligne simple, d'un jaune rougeâtre-terne, moitié inférieure noire; corselet d'un noir velouté, avec une ligne dilatée, oblique, perlée, brillante, de chaque côté antérieurement, et une large tache ou bande perlée, placée postérieurement; côtés en dessous variés de perlé; pattes ayant les tibias en dessus et le premier article des quatre tarses postérieurs, blancs; abdomen ayant à la base une ligne perlée, oblique, latérale, et deux autres également perlées, rapprochées, latérales, près du sommet.

Femelle. Yeux moyens; corselet d'un noir plombé, immaculé; écusson noir; abdomen blanchâtre en dessous.

Cette charmante petite espèce se posa en grand nombre sur notre bateau à Shippingsport, aux chutes de l'Ohio. Elle court avec une grande rapidité, en jetant toujours en avant ses longues pattes antérieures. Sa morsure est piquante et douloureuse.

BERIS. Latr., Meig.

1. *B. Fuscitarsis*. Corselet noir couleur de poix, poli; tergum brun-rougeâtre, tournant au jaunâtre sur le disque, incisures brunes.

Il habite la Pensylvanie.

Ailes hyalines, avec une tache et les nervures d'un brun pâle, l'origine est d'un blanc-jaunâtre; corselet ayant les angles postérieurs couleur de poix; pattes antérieures et intermédiaires d'un blanc-jaunâtre; tarses, excepté la base du premier article, bruns, paire postérieure d'un brun-rougeâtre, premier article des tarses blanc-jaunâtre.

Longueur, 2 1/2 lignes.

L'écusson manque dans mon exemplaire, je ne puis en conséquence déterminer le nombre d'épines.

53

NEMOLETUS. *Geoff., Latr., Meig.*

1. *N. Pallipes.* Noir-verdâtre ; corselet teinté de vert ; nervures blanchâtres.

Il habite la Pensylvanie.

Avance rostellaire d'un noir-bleuâtre, polie ; antennes brunes, placées à la base de cette espèce de rostre ; front ayant une tache blanche triangulaire au-dessus des antennes ; corselet ponctué, une ligne testacée entre les ailes, et une autre de chaque côté sur le bord de la base ; balanciers et écaille d'un blanc-jaune pur ; nervures costales blanchâtres ; pattes jaunâtres, base des cuisses et milieu des tibias postérieurs noirs ; abdomen noir-bleuâtre, ou noir-verdâtre ; bords postérieurs des segments du ventre roux.

Longueur du mâle, 1 3/4 lignes.

XYLOPHAGUS. *Meig.*

1. *X. Triangularis.* Noir, sub-glabre ; corselet plombé, avec une ligne noire ; pattes testacées.

Il habite le Missouri.

Corps noir ; tête d'un plombé pâle ; antennes et palpes noirs ; proboscis d'un roux pâle ; tronc noir poli, corselet ayant le disque plombé pâle, une ligne noire, polie, longitudinale, se dilatant graduellement et légèrement postérieurement, nervures brunes ; balanciers blancs ; pattes testacées ; sommets des tarses et des cuisses postérieures et tibias obscurs ; tergum poli, avec un large triangle opaque à la base de chaque segment, excepté à celle du premier.

Longueur, près de 5 lignes.

Les nervures des ailes sont disposées comme celles du *X. Ater,* Fabr., Meig.

PANGONIA. *Latr*.

1. *P. Incisuralis*. Corselet glauque, obscur, avec des poils
d'un jaunâtre sale ; abdomen marron foncé, avec les incisures blanchâtres.

Il habite le pays d'Arkansa.

Front ocracé ; ocelles distincts ; hypostôme obscur ;
palpes et soies du proboscis, testacés ; proboscis noire ; antennes d'un jaunâtre pâle ; occiput avec des poils très-
courts d'un jaune-verdâtre ; corselet, deux lignes obsolètes
distantes ; ailes d'un brun-rougeâtre ; pattes jaunâtres ,
cuisses d'un marron foncé à la base ; tergum et ventre de la
femelle d'un marron foncé poli, avec les bords postérieurs
des segments blanchâtres et légèrement velus ; ceux du
mâle d'un testacé pâle avec des poils courts.

Longueur, 7 lignes.

On ne connaît que cette espèce dans l'Amérique boréale.
Elle a été rapportée de l'Arkansa par M. Thomas Nuttall.

TABANUS. *Linn.*, *Latr*.

1. *T. Molestus*. Corselet cendré, rayé de brun ; écusson
cendré ; abdomen brun-noir, une bande dilatée sur le
dos.

Il habite le Missouri.

Proéminence frontale, d'un brun-noirâtre, glabre, oblongue, ayant en dessus une ligne dilatée, glabre, d'un roux obscur, se terminant par une dilatation plus petite ; antennes
noires ; proboscis noire ; palpes testacés ; corselet cendré ,
avec quatre lignes d'un brun-rougeâtre ; ailes obscures,
avec les nervures d'un brun foncé, noirâtres vers le sommet, une ligne noire sur le carpe, ainsi qu'une légère anastomose ; écusson cendré ; poitrine pubescente , cendrée ;

pattes noires, tibias d'un ferrugineux obscur; tergum noir; une bande dorsale dilatée, cendrée, formée de taches triangulaires dilatées sur les troisième, quatrième, cinquième et sixième segments, les plus larges placées antérieurement; incisures cendrées.

Longueur, près de 9 lignes.

Cette espèce est une de celles que l'on nomme *Mouches des prairies;* elle est abondante dans les prairies du Missouri et incommode beaucoup le bétail. J'ai vu le bétail dans les forêts qui bordent ces prairies, lorsqu'il est attaqué par ces insectes, s'élancer tout-à-coup et s'enfoncer dans les endroits les plus fourrés afin de s'en débarrasser au moyen des branches. Les voyageurs en sont aussi très-incommodés; beaucoup couvrent leurs chevaux de canevas et autres appareils, pour les défendre de leurs attaques, ou bien se reposent dans quelque lieu retiré pendant la partie du jour où ces insectes sont en plus grande abondance.

2. *T. Annulatus.* Corselet plombé cendré; ailes immaculées; tergum noirâtre; incisures cendrées; tibias blancs.

Il habite le Missouri.

Corps un peu pubescent; tête en dessous avec un duvet cendré; antennes rousses; palpes blancs; proboscis noire au sommet; corselet plombé cendré, testacé au milieu, et revêtu de poils couchés, courts; poitrine de la couleur du corselet, duveteuse; pattes obscures; tibias blancs à l'exception des sommets; ailes légèrement obscures, immaculées, avec les nervures brunâtres, immarginées; abdomen brun-noirâtre; incisures cendrées.

Longueur, 5 lignes.

Il est plus petit que le *Lineola.*

|3. *T. Stygius.* Noir-violet; corselet marron pâle.

Il habite l'Arkansa.

Hypostôme et front d'un jaunâtre sale; antennes et palpes noirs. Proéminence frontale carrée, couleur marron, ayant en dessus une ligne simple, légèrement dilatée; corselet avec cinq lignes cendrées; écusson marron pâle; ailes ferrugineuses avec trois taches brunes; abdomen immaculé; tibias d'un marron terne à la base.

Longueur, 10 1/2 lignes.

CHRYSOPS. *Meig., Latr.*

1. *C. Quadrivittatus.* Cendré; tergum avec quatre rangées de lignes brunes.

Il habite près des montagnes Rocheuses.

Longueur, jusqu'au sommet de l'abdomen, près de 5 lig.

Corps cendré; tête, trois taches frontales noires placées en rangée transversale, l'intermédiaire est la plus petite, et une autre tache noire plus large, au-dessus des antennes; antennes d'un brun-rougeâtre foncé, dernier article noir au sommet; corselet noirâtre avec cinq lignes cendrées, étroites; ailes, avec une large tache costale, l'anastomose et des taches, brunes, obsolètes; pattes d'un brun-jaunâtre; sommets des tibias et des articles des tarses noirs; tergum avec quatre rangées de lignes brunes, courtes; les deux rangées sur le dos sont rapprochées, les latérales sont distantes; il est teinté de brun-jaunâtre entre les rangées dorsales.

LEPTIS. *Fabr., Meig.*

1. *L. Ornata.* Noir velouté; corselet et bandes abdominales avec des poils blanchâtres; ailes hyalines; pattes blanches.

Il habite la Pensylvanie.

Hypostôme et front avec des poils blancs argentés; corselet, plus particulièrement sur ses bords latéraux, avec des poils argentés, très-légèrement teintés de jaune; pleures, poitrine et hanches, noires; pattes d'un jaunâtre pâle, tarses, excepté la base, bruns; balanciers d'un jaune pâle; tergum, avec le segment basal presque tout couvert de poils argentés; les autres segments ont chacun postérieurement une bande argentée, occupant presque la moitié de leur longueur, et interrompue dans le milieu; ventre immaculé.

Longueur du mâle, 5 1/4 lignes.

Cette espèce ressemble au *L. Thoracica* Fabr.; mais les ailes ne sont pas obscures comme dans ce dernier, les cuisses ainsi que les tibias sont pâles, les bandes du tergum sont beaucoup plus larges, les poils du corselet différemment colorés, l'hypostôme et le front couverts de poils argentés.

2. *L. Punctipennis*. Noirâtre; ailes tachetées; abdomen pâle à la base.

Il habite la Pensylvanie.

Hypostôme cendré foncé, avec une frange de longs poils de chaque côté; antennes, palpes et rostre, noirs; vertex brun-noirâtre; stéthidion noir; corselet varié de lignes cendrées; pleures, poitrine et hanches, d'un cendré foncé; pattes d'un brunâtre pâle, cuisses plus obscures; balanciers d'un blanc jaunâtre; ailes hyalines; le bord du sommet, la jonction des nervures, le bord des nervures près du bord postérieur de l'aile, la côte marginale se terminant en une tache carpale, sont bruns; tergum ayant les quatre segments de la base d'un jaunâtre pâle, avec un bord basal obscur et une tache triangulaire; les autres segments, noirs.

Longueur du mâle, 2 1/2 lignes.

3. *L. **Quadrata***. Jaunâtre pâle ; corselet rayé ; abdomen fascié ; ailes avec une large tache.

Il habite les États–Unis.

Corps jaunâtre pâle ; tête très-légèrement teintée de plombé, excepté les antennes et la bouche ; corselet avec trois lignes longitudinales dilatées, brunes, les latérales interrompues ; écusson immaculé ; ailes blanchâtres, avec une tache brune sub-carrée, s'étendant du bord au centre de l'aile ; près de l'angle interne antérieur de la tache, une ligne brune oblique s'étend jusqu'au bord postérieur ; nervures brunes, blanches à la base ; poitrine et pattes immaculées ; tergum avec une bande à la base de chaque segment ; capitule des balanciers obscur.

Longueur, jusqu'au sommet des ailes, 3 1/2 lignes.

Cet insecte se rapproche beaucoup de l'*Atherix oculata* Fabr. Il se trouve en Pensylvanie ainsi qu'au Missouri.

4. *L. **Basilaris***. Brun noirâtre ; ailes hyalines, la base seulement brune.

Il habite la Pensylvanie.

L'hypostôme, vu sous un certain jour, paraît cendré ; antennes d'un testacé foncé ; corselet et écusson avec des poils écartés d'un jaune d'or ; poitrine et pleures brunes ; pattes blanches, avec la base des cuisses et le sommet des tarses, bruns ; tergum, avec des poils jaunes sur les bords postérieurs des segments de la base ; ventre immaculé, plus pâle à la base ; tête cendrée, vertex et occiput tachetés de noir.

Longueur du mâle, 2 1/2 lignes ; la femelle est un peu plus petite.

Les nervures des ailes sont disposées comme dans la deuxième division de Meigen.

5. *L. Rufithorax.* Testacé jaunâtre ; ailes obscures ; tergum ayant une rangée de taches noires.

Il habite la Pensylvanie.

Antennes d'un testacé terne , dernier article noir ; lèvre brune ; le corselet , vu dans un certain sens , a deux lignes obscures obsolètes ; balanciers bruns ; ailes fuligineuses , particulièrement sur le bord costal, la nervure antépénultième se réunit avec la précédente , avant qu'elle n'atteigne le bord interne de l'aile ; tibias et tarses obscurs , pattes postérieures allongées , tibias et sommet des cuisses noirâtres en dessus , les tarses plus pâles ; tergum ayant sur chaque segment une ligne longitudinale , fusiforme , noire, celles des deux segments de la base sont arrondies et centrales ; les segments postérieurs sont noirâtres à leurs bases.

Longueur, 5 lignes.

Il appartient à la première division de Meigen.

6. *L. Fumipennis.* Ailes obscures ; tergum brun, annelé de testacé pâle.

Il habite la Pensylvanie.

Hypostôme cendré ; proéminence globulaire , proboscis et antennes, jaunâtres ; corselet brun, bord postérieur testacé terne ; écusson testacé pâle, brun à la base ; ailes ayant les bords internes et terminaux hyalins ; balanciers bruns , tige blanchâtre ; pattes blanches ; pleures et poitrine , d'un testacé jaunâtre ; tergum brun , segments d'un testacé jaunâtre sur leurs bords postérieurs ; ventre jaunâtre.

Longueur, 2 1/2 lignes.

Il appartient à la deuxième tribu de Meigen.

7. *L. Fasciata.* Noir velouté ; corselet, avec des poils d'un

jaune d'or ; tergum fascié de blanc ; ailes hyalines, avec une large tache brune.

Il habite la Pensylvanie.

La couleur fondamentale du corselet ne diffère pas des autres parties du corps ; hypostôme cendré sous un certain jour ; pleures et poitrine d'un livide foncé ; balanciers bruns, tige blanchâtre ; nervures des ailes brunes, stigmates assez larges, bruns, et distincts ; sur le tergum, le bord postérieur de chaque segment a une bande d'un blanc jaunâtre ; ventre immaculé ; pattes blanchâtres , cuisses d'un brun rougeâtre vers leurs bases, tarses obscurs au sommet.
Longueur du mâle , 3 lignes.

Les nervures des ailes sont disposées comme dans la deuxième division de Meigen , et l'insecte ressemble beaucoup au *H. Thoracica* Fabr.

8. *L. Vertebrata.* Tergum , avec trois lignes de points bruns ; ailes immaculées ; sommets des cuisses , noirs.

Il habite la Floride.

Tête noire ; dernier article des antennes, excepté le crin, et les palpes , noirs ; stéthidion noirâtre ; corselet ayant deux lignes cendrées obsolètes et une tache humérale pâle ; écusson et balanciers d'un jaunâtre pâle ; ailes hyalines, côte marginale teintée de testacé, nervures brunes ; pattes d'un testacé pâle ; hanches, tarses, moitié des cuisses et des tibias postérieurs, noire ; tergum jaunâtre , chaque segment a une tache brune en dessus et une ligne dilatée sur le bord latéral ; les taches dorsales sur les segments postérieurs s'étendent en bandes ; ventre ayant les derniers articles noirs.
Longueur du mâle , 5 lignes.
Il appartient à la première tribu de Meigen.

9. *L. Albicornis*. Tergum avec trois lignes de points bruns ; ailes tachetées et marquées de brun au sommet ; poitrine et pattes blanchâtres ; tarses obscurs.

Il habite la Pensylvanie.

Corps d'un roux jaunâtre en dessus ; hypostôme marron ; antennes d'un blanc jaunâtre, crin noir ; palpes et rostre blancs ; joue glauque, avec des poils blanchâtres ; corselet ayant trois ou cinq lignes, les trois intermédiaires obsolètes, séparées ; écusson immaculé ; ailes hyalines ; côte marginale teintée de jaunâtre ; nervures, particulièrement celles du bord interne, celles qui sont transversales, les stigmates et le sommet de l'aile, bruns ; tergum ayant une large tache arrondie sur chaque segment, et une série de taches plus petites de chaque côté.

Longueur du mâle, 7 lignes.

Cette espèce est voisine du *H. Scolopacea* Fabr. ; mais elle s'en distingue par la couleur du stéthidion, des antennes, des pattes, etc.

10. *L. Plumbea*. Plombé-noirâtre ; ailes nuagées ; balanciers d'un jaune pâle.

Il habite la Pensylvanie.

Corselet brun, avec cinq lignes cendrées, obsolètes ; ailes ayant une côte marginale brune, et quatre bandes obscures arquées, n'atteignant pas le bord interne ; la dernière est obsolète, celle de la base très-courte et également obsolète ; pattes d'un brun rougeâtre, tibias pâles.

Longueur, près de 3 lignes.

Nervures des ailes comme dans l'*Albicornis*.

THEREVA. *Meig*.

1. *T. Tergisa*. Ailes tachetées ; tergum couvert d'un duvet
blanchâtre argenté.

Il habite la Floride orientale.

Corps noirâtre ; tête d'un brun noirâtre , poils blancs en
dessous ; antennes, article basal cendré avec des poils
noirs ; palpes pâles ; proboscis obscure ; corselet brun noirâtre ; ailes légèrement teintées de brunâtre, avec plusieurs taches et les stigmates, bruns ; pattes pâles , les articulations obscures ; tergum testacé terne , plus foncé à la
base , avec un reflet argenté vif dans un certain sens de lumière ; bords postérieurs des segments, blancs.
Longueur, 4 lignes.
La couleur réfléchie du tergum est semblable à celle du
tergum de la *Musca unilis* Lin. Cet insecte paraît être
très-voisin du *T. Pictipennis* Wied. ; mais il est plus
grand, dépourvu de bandes sur les ailes, et la couleur des
antennes et des pattes est différente.

2. *T. Nigra*. Noir ; incisures du tergum et tache latérale
sur le cinquième segment, grises.

Il habite la Pensylvanie.

Tête glabre, polie ; hypostôme et tout le dessous garnis
de poils fins, gris ; antennes avec des poils fins gris , et des
poils noirs plus longs, épars , sur le premier article ; occiput
noir velouté ; ailes pellucides, stigmates et nervures bruns,
bord costal pâle au-delà des stigmates , chacune des deux
dernières paires des nervures s'unissant avant d'atteindre
le bord de l'aile ; balanciers bruns, tige pâle ; pleures , poitrine et hanches un peu glauques ; pattes noirâtres , tibias
et tarses pâles, excepté au sommet, sommet des tibias an-

térieurs et tarses noirâtres ; tergum poli, bords postérieurs
des troisième et quatrième segments de la base , gris ; une
tache oblongue-ovale, oblique, de chaque côté du cinquième segment.

Longueur, 3 1/2 lignes.

STYGIA. *Meig.*

1. *S. Elongata.* Noirâtre, polie ; abdomen allongé, incisures jaunâtres.

Elle habite la Pensylvanie.

Antennes d'un blanc jaunâtre ; le troisième article brun
foncé, pas plus long que le précédent, mais terminé par un
style allongé ; le deuxième article est un peu plus fort que
le premier dont le sommet est peu sensiblement dilaté et
tronqué très-peu obliquement ; occiput plombé ; corselet
d'un noir couleur de poix ; humerus avec une tache rousse
terne, continuée par une ligne courbe jusqu'à l'origine des
ailes ; pleures, avec une ligne argentée ; ailes hyalines, nervures brunes ; balanciers d'un blanc jaunâtre ; pattes blanches, y compris les hanches, tarses obscurs ; abdomen allongé, déprimé ; tergum brun noirâtre, plus foncé vers le sommet ; le premier segment jaunâtre à la base et au sommet ,
le deuxième jaunâtre sur son bord postérieur, les deux
suivants avec une tache de chaque côté de leur sommet ,
les derniers immaculés ; sur le ventre, la couleur jaunâtre
est plus dominante que sur le dos.

Longueur, 3 1/2 lignes.

La troisième nervure de la côte marginale est beaucoup
plus rapprochée de la deuxième que les nervures correspondantes dans le *S. Sabœ* Meig. , et la première cellule basale est beaucoup plus allongée ; la branche supérieure de la fourche du sommet est beaucoup moins
arquée que dans cet insecte.

ANTHRAX. *Latr*

1. *A. Morioides.* Noir, avec de nombreux poils ferrugineux ; ailes d'un noir foncé , avec un peu de blanc au
sommet.

Corps noir, couvert de poils courts, couchés, ferrugineux, de chaque côté du stéthidion ; yeux d'un brun-marron , largement émarginés postérieurement ; ailes d'un
noir foncé , opaques, bord postérieur d'un blanc hyalin
presqu'à partir du sommet jusqu'à l'angle interne, partie
noire occupant presque les deux tiers de l'aile, profondément
dentelées au sommet , une tache obsolète hyaline près de
la base, trois autres dans le milieu, placées transversalement, et une autre près du sommet de la partie opaque ;
balanciers pâles , leur capitule noir en dessous et près du
sommet en dessus ; pattes pâles, tarses et cuisses antérieurs
obscurs ; tergum ayant des poils argentés de chaque côté
de la base et de chaque côté près du sommet.
Longueur, 3 1/2 lignes.
Il est très-voisin de l'*A. Morio* Fabr. Je l'ai observé en
grand nombre près de la rivière Merrimac, dans le Missouri. Le dernier article des antennes est assez court ; ce
caractère peut le distinguer de l'*A. Fulvohirta* Wied. Il
doit se rapporter à la cinquième tribu du genre *Anthrax* ,
d'après les divisions de Wiedemann.

2. *A. Lateralis.* Noir ; ailes hyalines ; poils fauves sur les
côtés ; tergum avec une bande.

Il habite la Pensylvanie et le Maryland.
Hypostôme et orbites de l'occiput avec des poils blancs ;
stéthidion avec des poils fauves, particulièrement sur les
côtés du corselet, sur les pleures et sur le collier ; ailes , jusqu'à la nervure basale transverse , brunes , ainsi que les
nervures costales ; l'aréole renfermée d'un brun jaunâtre ;

pattes avec des poils d'un reflet blanchâtre ; tergum avec une bande de poils couchés, jaunâtres, à la base de chaque segment, et de longs poils fauves de chaque côté jusqu'au milieu de la longueur.

Longueur, près de 3 lignes.

Il appartient à la cinquième tribu de Wiedemann.

3. *A. Scripta*. Ailes variées de noir et d'hyalin ; tergum avec quatre séries de points argentés.

Il habite la Pensylvanie.

Tête d'un brun-rougeâtre, obscure, couverte de poils jaunes ferrugineux, entremêlés de poils noirs plus longs, une bande noire sur l'hypostôme, une tache noire sur chaque orbite frontal, vertex noir ; corselet obscur ou noirâtre, avec trois bandes noires, les côtés d'un cendré terne avant les ailes, bordés en dessous par une autre ligne noire, sous les angles postérieurs il y a un faisceau de poils gris, et au-dessus quelques poils ferrugineux ; écusson brun-rougeâtre, poils moins courts, une petite tache blanche au sommet sub-angulaire ; pleures et poitrine d'un brun-rougeâtre ; pattes d'un brun-rougeâtre, tarses noirâtres ; ailes, l'aréole costale a une petite tache hyaline formée par la terminaison d'une bande s'étendant par une direction légèrement arquée jusqu'à l'angle interne de l'aile, et divisée par les nervures en cinq compartiments ; les trois plus grandes cellules du bord postérieur, à l'exception des bords des nervures, sont hyalines ; une tache hyaline arrondie occupe la moitié externe de la cellule centrale, il y a une tache plus petite de chaque côté ; elle est quelquefois obsolète ou double ; au-dessus de cette cellule centrale et près des nervures costales sont deux doubles taches petites, distantes, hyalines ; sommet de l'aile hyalin, les deux nervures bordées de noirâtre ; le bord de la nervure supérieure est généralement interrompu au milieu ; tergum brun-rougeâtre, couvert de poils noirs, le premier segment a des poils cendrés de chaque côté de l'écusson ; les deuxième et troisième ont chacun quatre petites taches blanches sur le bord postérieur, celles qui sont sur les côtés forment une ligne ; le quatrième n'en a que deux, celles des côtés étant obsolètes ; le cinquième a une ligne transverse de chaque côté, quelquefois croisée par une ligne longitudinale s'étendant sur les segments postérieurs et formant une croix, qui est, ainsi que les taches, d'un brillant argenté.

Longueur, 8 lignes.

Cette espèce paraît se rapprocher beaucoup de la seconde tribu de Meigen, mais elle s'en éloigne en ce qu'elle a une cellule de plus sous la grande cellule centrale de l'aile. Je l'ai étiquetée dans ma collection, sous le nom de *Capucina* Fabr., mais je ne puis l'identifier avec la description un peu détaillée que Meigen cite de cet auteur, ni avec celle de la *Caloptera* de Pallas, mentionnée par Meigen et par Wiedemann, et qu'ils regardent comme synonyme de la *Capucina*, qu'ils croient native d'Europe.

On ne peut douter un instant que le présent insecte soit totalement différent du *Caloptera* ; ce dernier n'est pas plus grand que le *Morio*, tandis que notre insecte est presque de la même taille que le *Cerberus*.

M'en rapportant à l'opinion des autorités ci-dessus, je décris cette espèce comme distincte, quoiqu'il semble probable que Fabricius l'avait en vue, lorsqu'il assignait à la *Capucina* l'Amérique du nord pour patrie.

4. *A. Analis*. Noir ; ailes hyalines au sommet ; anus argenté.

Il habite la Géorgie.

Corps noir foncé ; ailes d'un noir-brun opaque, le tiers

postérieur hyalin ; tibias antérieurs et intermédiaires couleur de poix sur le bord supérieur ; tergum d'un brillant argenté au sommet , avec un faisceau blanc de chaque côté de la base.

Longueur, 4 lignes.

Je suis redevable de cette jolie espèce à M. Auguste G. Oemler de Savannah. Elle appartient à la cinquième division de Wiedemann.

5. *A. Alternata*. Corps velu, dessus noir, dessous et côtés cendrés ; tergum fascié de cendré.

Il habite les États-Unis.

Tête noire ; yeux marrons ; front, au-dessous des antennes , d'un cendré vif ; proboscis cachée dans une rainure jusqu'au sommet ; palpes distincts, externes ; corselet cendré , teinté de fauve de chaque côté et à la suture scutellaire ; ailes obscures, pellucides, nervures d'un brun noirâtre ; base, jusqu'aux premières nervures transverses , d'un brun opaque ; poitrine cendrée ; pattes noirâtres ; écusson bordé de cendré ; abdomen ayant de chaque côté des poils longs, épais , cendrés sur le premier et le deuxième segments , alternés de noir sur les autres ; tergum avec six ou sept bandes linéaires cendrées ; ventre cendré ; segments, particulièrement le troisième , noirs à la base.

Longueur du corps , plus de 6 lignes.

Il se trouve en Pensylvanie et au Missouri. Il appartient à la cinquième tribu de Wiedemann.

6. *A. Irroratus*. Noir ; ailes hyalines, avec des points nombreux , noirs.

Il habite près des montagnes Rocheuses.

Corps noir foncé, velu ; yeux d'un brun rougeâtre,

teinté de doré; ailes hyalines, avec des taches nombreuses, irrégulières, inégales, d'un brun foncé; celles qui sont près de la côte marginale sont plus grandes que celles qui sont près du bord postérieur et du sommet; les taches le long de la côte marginale sont carrées et alternent assez régulièrement avec la couleur hyaline.

Longueur, 3 lignes.

Les nervures des ailes sont presque semblables à celles de la fig. 22, pl. 17, des Diptères d'Europe de Meigen.

7. *A. Caliptera*. Couleur fondamentale, brune; ailes ayant trois bandes brunes, et une tache argentée sur la base costale.

Il habite l'Arkansa.

Corselet brun-noir, avec des poils courts jaunâtres, et des poils plus longs sur le bord antérieur, ainsi qu'une tache pâle sur l'angle postérieur; pattes d'un brun rougeâtre pâle; balanciers jaunâtres; écusson brun rougeâtre, ailes brunes à la base, ayant ensuite une bande égale, arquée, hyaline, divisée par les nervures en cinq compartiments, puis une bande brune bifide sur chaque bord, et une un peu plus étroite dans le milieu, ensuite une bande irrégulière hyaline, très-étroite vers le bord costal, brusquement avancée dans le milieu jusqu'au sommet de la cellule centrale, puis une bande brune, irrégulière, renfermant une tache triangulaire hyaline sur le bord interne de l'aile, une autre à la marge costale qui sépare presqu'une partie de la bande en une tache triangulaire distincte, enfin une tache irrégulière hyaline au sommet, et la côte marginale, excepté à l'endroit où elle est croisée par la première bande hyaline, brune; tergum, couleur fondamentale, brun jaunâtre, avec des poils noirs très-courts; premier segment noir, le deuxième a sur la moitié de sa base des poils blancs, sur le milieu une large tache noire , et une tache avec des poils blancs sur l'angle postérieur , le quatrième a une tache noire.

Longueur , 4 lignes.

Il appartient à la troisième tribu de Wiedemann.

ASILUS. Lin., Meig.

1. *A. Vertebratus.* Tergum pâle cendré ; segments noirâtres à la base ; tibias testacés.

Du Missouri.

Tête jaune ; proboscis et antennes noires ; corselet cendré jaunâtre , la ligne obscure partagée par une ligne cendrée ; ailes d'un brun-rougeâtre ; pattes noires , avec des poils cendrés ; tibias, et tarses en dessus , testacés ; tergum cendré, blanchâtre avec une large tache sub-triangulaire , transverse , noirâtre, à la base de chaque segment ; segments près de l'anus , noirs ; ventre immaculé.

Longueur, jusqu'au sommet des ailes , 1 pouce.

Cette espèce appartient à la seconde tribu de la division de ce genre par Wiedemann.

2. *A. Sericeus.* Soyeux , un peu doré ; corselet avec une bande brune dilatée ; couleurs du dos changeantes.

De Pensylvanie.

Antennes d'un jaunâtre terne ; corselet, avec une bande atteignant l'écusson, changeant au jaune vif dans un certain sens de lumière ; ailes ferrugineuses, aréoles du bord postérieur et du sommet obscures ; pattes d'un marron clair, un peu soyeuses ; tergum brun foncé , les bords postérieurs des segments d'un jaune vif , lorsqu'il est vu de l'anus à la tête ou en dessus , et d'un jaune vif ou doré avec les bords postérieurs des segments bruns lorsqu'il est vu de la tête à l'anus ; ventre brun noirâtre , ferrugineux dans un certain sens de lumière.

Longueur, un peu plus de 1 pouce.

Cette belle espèce se rapporte à la première tribu de Meigen.

OMMATUS. Wied.

1. *O. Tibialis.* Brun-noir ; abdomen noir ; tibia blanc.

De Pensylvanie.

Front et hypostôme d'un jaunâtre doré ; vibrisses grises , noires près des antennes ; occiput argenté, presque glabre ; corselet brun foncé , approchant du noir, avec une ligne brune , étroite , obsolète sur le milieu ; écusson , métathorax , pleures , poitrine et hanches , argentés ; ailes pellu cides , les nervures noires ; cuisses d'un marron foncé ; tibias blancs , les intermédiaires et postérieurs bruns près du sommet et des tarses.

Longueur, plus de 6 lignes.

DIOCTRIA. Meig.

1. *D.* 8.—*Punctata.* Sub-glabre , noir ; abdomen avec quatre taches blanches sur chaque côté.

Des États-Unis.

Corps noir, presque glabre, poli ; front jaunâtre ; corselet avec trois lignes jaunes , les externes dilatées antérieurement, et renfermant une tache obscure ; pattes testacées , tibias et articles des tarses marqués de noirâtre à leur sommet ; tergum ponctué , avec une tache blanche au sommet latéral des deuxième , troisième , quatrième et cinquième segments.

Longueur, 3 1/2 lignes.

Cette espèce se trouve dans les États du sud et de l'est.

Le premier article des antennes est considérablement
plus long que le deuxième, quoiqu'il ne soit pas le double ;
le dernier est allongé, comprimé, sub-cylindrique, obtus
au sommet, avec une épine courte sur la surface supérieure
un peu après le milieu, et un petit espace nu, oblong-
ové, sur la surface interne. Les nervures des ailes sont
disposées comme dans les genres *Dioctria* et *Dasypogon*.

DASYPOGON. *Meig.*

1. *D.* 6.—*Fasciatus*. Cendré ; abdomen noir, avec une
bande blanche sur chaque segment.

Du Missouri.
Corps noir, couvert de poils serrés, courts, cendrés ;
tête avec des poils argentés plus longs ; antennes noires ;
nervures brunes ; tergum noir, poli ; chaque segment a une
bande blanche au sommet, un peu dilatée dans le milieu et
occupant le tiers de chacun ; cuisses et tibias testacés à la
base ; balanciers pâles.
Longueur, 4 lignes.

2. *D. Abdominalis*. Jaune ; corselet cendré ; ailes obscures.

De Pensylvanie.
Corps cendré ; tête avec une ligne enfoncée entre les
antennes ; antennes et rostre noirs ; corselet avec une ligne
brune, raccourcie antérieurement et une autre latérale interrompue ; ailes d'un brun foncé, immaculées ; abdomen
jaune vif, très-légèrement teinté de roux, immaculé ; pattes
d'un roux pâle, tibias obscurs au sommet, sommet des
postérieurs dilaté, premier article des tarses postérieurs
également dilaté et aussi long que les trois autres réunis.
Longueur, 3 1/4 lignes.

La tête est très-large, les yeux étant proportionnelle-ment très-grands, le vertex profondément concave, et les stemmates placés sur une élévation commune.

3. *D. Trifasciatus*. Cendré; tergum noir, trifascié de blanc.

De Pensylvanie et de Maryland.

Antennes noires, premier article du style plus long que le deuxième; ailes obscures, hyalines; nervures comme dans la fig. 10, pl. 20, de Meigen, excepté que la cellule centrale est un peu plus allongée; tergum noir-velouté, une bande cendrée à la base, une bande linéaire près du milieu, et une autre argentée, dilatée, sur le milieu; sommet du tergum cendré; ventre tirant sur le livide, immaculé.

Longueur du mâle, 4 3/4 lig.; de la femelle, 5 1/2 lig.

Trouvé quelquefois dans les endroits sablonneux. La couleur générale du corps est noire, mais elle est quelque-fois cachée par un duvet blanchâtre.

4. *D. Argenteus*. Cendré, immaculé; balanciers d'un jau-nâtre pâle.

De Pensylvanie et de Maryland.

Antennes noires, deuxième article aussi long ou un peu plus long que le premier, premier article du style plus long que le deuxième qui est aciculaire et grêle; moustache et poils de la joue d'un blanc pur; vibrisses nulles; ailes hya-lines, nervures d'un brun clair, disposées comme dans la fig. 11, pl. 20, de Meigen.

Longueur, 3 1/2 à 4 lignes.

Ainsi que dans le précédent, la couleur du fond est noire; mais elle est cachée en entier par un duvet blan-châtre, qui a presque un éclat argenté lorsque l'animal est vivant et sous l'influence des rayons du soleil.

5. *D. Politus.* Tergum bleu noirâtre; moitié postérieure des ailes brune.

De Pensylvanie et de Maryland.

Hypostôme et front d'un brun doré; moustache et vibrisses d'un brun jaunâtre; vertex brun; joues d'un blanc pur; antennes noires, premier article du style plus long que le deuxième qui est aciculaire et menu; corselet brun doré, une double ligne noire raccourcie postérieurement et une autre ligne latérale, large, obscure, s'approchant postérieurement près de l'écusson; pattes rousses, cuisses noires; ailes, moitié basale hyaline, tache hyaline sur le carpus et une autre obsolète, plus petite près du sommet, nervures disposées presque comme dans la fig. 11, pl. 20, de Meigen; tergum d'un beau bleu noirâtre, les segments ont des triangles latéraux marginaux cendrés.

Longueur 5 1/4 lignes.

6. *D. Cruciatus.* Corselet bordé et tacheté de jaune; abdomen noir, annelé de jaune.

D'Arkansa.

Hypostôme jaune; stéthidion noir; corselet largement bordé de jaune, avec une tache humérale triangulaire et une autre de chaque côté du milieu, réunies par une ligne à la bordure, jaunes; ailes ferrugineuses, nervures comme celles de l'espèce précédente; pattes ferrugineuses; pleures tachetées de jaune; abdomen noir, segments avec un large bord postérieur jaune.

Longueur, 10 1/2 lignes.

Belle et grande espèce facile à reconnaître des autres.

LAPHRIA. *Fabr., Latr.*

1. *L. Fulvicauda*. Noir, poils cendrés ; ailes noirâtres ;
tergum fauve au sommet.

Du Missouri.

Corps noir, avec de longs poils cendrés ; tête large, transverse ; yeux d'un noir foncé ; corselet varié de noir et de
cendré, avec des poils noirs courts, deux lignes dorsales,
distinctes, longitudinales, noires, une bande cendrée plus
distincte sur le milieu, interrompue par les lignes dorsales,
et deux points obsolètes, cendrés, placés de chaque côté
postérieurement ; ailes noirâtres ; balanciers pâles au sommet ; abdomen déprimé, presque glabre en dessus et en
dessous, velu de chaque côté, les deux derniers segments
du tergum avec une tache commune fauve.
Longueur, 7 lignes.
J'ai trouvé un individu de cette espèce à Cote-Sans-Des-
sein, sur la rivière Missouri.

2. *L. Glabrata*. Noir, poli ; bords postérieurs des segments du tergum, blancs.

Des États-Unis.

Corps avec des poils très-courts, couchés, peu distincts, ponctué ; hypostôme argenté, tubercule du vertex
brun ; occiput plombé ; collier et ligne sur le corselet cendrés de chaque côté avant les ailes ; pleures et poitrine
avec un reflet cendré ; ailes immaculées, nervures brunes,
ressemblant presque dans leur arrangement à celles de la
fig. 20, pl. 20, de Meigen ; balanciers blanchâtres ; pattes
d'un brun rougeâtre, le milieu des cuisses, sommet des
tibias et des tarses plus foncés, pattes postérieures très-

velues en dessous ; les segments basal et terminal du tergum n'ont pas de bordure blanche.

Longueur, 3 lignes.

Var. A. Pattes pâles.

Je possède un individu dans lequel la branche externe de la nervure terminale fourchue est continuée un peu au-delà de sa réunion, comme dans la fig. 23 de Meigen. Les antennes de cette espèce sont comme celles du *Dioctria* 8-*Punctata*, excepté qu'elles sont aiguës au sommet ; l'arrangement des nervures fait reconnaître l'affinité générique de cet insecte.

TOME TROISIÈME, PREMIÈRE PARTIE (1823), pag. 73 à 104.

7ᵉ MÉMOIRE.

Suite des Descriptions de Diptères des Etats-Unis,

Lue le 24 décembre 1822.

3. *Laphria Macrocera*. Premier article des antennes allongé ; corps noir.

Patrie, la Pensylvanie.

Corps un peu lisse, ponctué, avec des poils grisâtres, courts, couchés ; antennes, le premier article quatre fois long comme le deuxième ; ailes un peu obscures, nervures presque comme dans l'espèce précédente ; balanciers d'un jaunâtre pâle ; pattes noires, tibia et base des tarses d'un testacé pâle ; tergum bordé de testacé de chaque côté et à l'extrémité.

Longueur, 3 lignes.

Cet insecte ressemble beaucoup à l'espèce précédente, mais la longueur du premier article des antennes, l'absence du blanc sur les bords postérieurs des segments abdominaux, ainsi que la couleur du bord latéral et du sommet de l'abdomen, montrent assez qu'il est distinct. J'avais d'abord placé cet insecte et le précédent dans le genre *Dioctria*, mais la disposition des nervures de leurs ailes est exactement comme dans le *Laphria Ephippium*.

4. *L. Sericea*. Dessus couvert de poils d'un jaune doré, dessous blanchâtre ; corselet bleu foncé.

Patrie, l'Arkansa.

Tête noire ; hypostôme et joue avec des poils grisâtres ; ils sont teintés de jaunâtre terne sur le premier ; vertex et occiput avec des poils noirs ; corselet bleu foncé avec des poils d'un jaune doré un peu plus longs et plus serrés postérieurement, une frange de poils noirs plus longs au-dessus de l'insertion des ailes ; pleures noirâtres, quelques longs poils pâles près des balanciers ; balanciers pâles ; poitrine et pattes noires, velues ; poils de la poitrine longs, poils sous les pattes antérieures et intermédiaires blanchâtres ; écusson marron terne ; ailes hyalines, nervures brunes, bordées largement mais faiblement de brun-jaunâtre ainsi que le bord interne ; tergum bleu-marron terne, très-couvert de poils soyeux d'un jaune d'or ; anus noir, nu ; ventre brun-noir, presque nu, les segments pâles sur leurs bords postérieurs ; abdomen cylindrique, déprimé.

Longueur du mâle, 9 lignes.

Les nervures des ailes sont arrangées comme celles du **L. Ephippium,** Fabr., Meig.

5. *L. Tergissa.* Corselet et trois segments du milieu du tergum avec des poils jaunâtres.

Patrie, la Pensylvanie.

Tête noire, vibrisses et longs poils de la joue d'un jaunâtre pâle ; corselet bleu foncé, légèrement teinté de cuivré et couvert de poils jaunâtres pâles, qui sont teintés de ferrugineux sur la partie antérieure et sur le bord latéral ; pleures couleur de poix noirâtre avec deux faisceaux de poils ferrugineux ; nervures des ailes brunes, bordées ; écusson noirâtre, cilié de poils obscurs ; pattes d'un noir-bleu, les tibias des pattes antérieures et intermédiaires avec des poils jaunâtres, cuisses postérieures en massue, les antérieures cachées par des poils jaunâtres ; tergum noirâtre, les trois segments intermédiaires avec des poils jaunâtres pâles, épais, interrompus dans le milieu et n'occupant pas le bord de la base.

Longueur, 1 pouce.

Cette espèce est grande et forte; les nervures des ailes sont arrangées comme celles du *L. Ephippium*, Fabr.

LEPTOGASTER. *Meig.*

1. *L. Annulatus.* Pattes blanchâtres, annelées de roux.

Patrie, la Pensylvanie.

Antennes et organes de la bouche blanchâtres ; corselet pâle, cendré, avec trois lignes d'un brun pâle, dilatées ; ailes hyalines, immaculées; pattes antérieures et intermédiaires blanches, extrémité des articulations teintée de roux ou de jaune ; pattes postérieures plus robustes et allongées, avec les articulations jaunes, et blanches à la base; cuisses en massue, bi-fasciées de roux près du sommet, tibias trifasciés de roux ; abdomen cylindrique, allongé, dilaté au sommet; segments d'un brun-jaune, d'un brun rougeâtre foncé à la base et près du bord terminal, bords blancs.

Longueur, 4 1/2 lignes.

Les nervures des ailes de cet insecte ne correspondent pas parfaitement avec celles du *L. Tipuloïdes ;* cette différence, combinée avec une autre très-importante qu'offre le présent insecte qui n'a que deux ongles aux tarses, peut justifier la séparation de l'*Annulatus* du *Tipuloïdes* et la place qu'on lui donnerait dans un genre distinct.

Ne serait-ce pas un *Phtiria* de Wiedemann ?

HYBOS. *Meig.*

1. *H. Thoracicus.* Corselet ferrugineux, avec trois lignes; abdomen couleur de poix.

Patrie, la Pensylvanie.

Antennes et rostre, jaunes, pâles ; corselet ferrugineux, avec trois lignes noires dilatées ; ailes obscures , un stigmate brun-rouge foncé ; pattes d'un brun-rouge , la paire postérieure plus foncée que les autres , tarses jaunâtres ; abdomen couleur de poix terne.

Longueur, 2 1/2 lignes.

BIBIO. *Latr. , Meig.*

1. *B. Pallipes.* Noir ; tergum avec le bord latéral couleur de poix jaunâtre.

Patrie, la Pensylvanie.

Corps velu ; ailes hyalines , un large stigmate brun , intervalle de la première et de la deuxième nervure jaunâtre ; pattes d'un jaune blanchâtre , épines des tibias antérieurs égales ; tibias postérieurs un peu dilatés.

Longueur du mâle , 3 lignes.

2. *B. Heteropterus.* Noir ; ailes ayant le bord antérieur brun ainsi que les nervures.

Patrie , le Maryland.

Corps immaculé, avec des poils obscurs ; pattes assez longues , avec le sommet du tibia postérieur et les premier et deuxième articles des tarses, dilatés ; ailes brunes , le bord costal enfumé ; nervures différant un peu dans leur arrangement , et la branche inférieure de la seconde nervure fourchue courbée en arrière vers le bord interne , de manière à presque rencontrer la nervure suivante au bord de l'aile.

Longueur du mâle , 3 1/2 lignes.

3. *B. Albipennis.* Noir ; ailes blanches , avec un stigmate brun.

Patrie , la Pensylvanie.

Corps avec des poils cendrés; tête avec des poils noirs en dessus; balanciers bruns, style brun; nervures brunes; tarses d'un brun-noir, épine extérieure du tibia antérieur beaucoup plus large que l'intérieure.

Longueur, 3 1/2 lignes.

Cet insecte est très-commun. Les ailes ont une apparence blanche et contrastent fortement avec la couleur du corps et le stigmate qui est brun et bien marqué. Le tibia postérieur du mâle est beaucoup plus dilaté vers le sommet que celui de la femelle.

4. *B. Articulatus.* Noir; corselet et pattes rousses.

Patrie, la Pensylvanie.

Ailes brunâtres, plus particulièrement au bord costal, avec un stigmate très-distinct; balanciers pâles, obscurs au sommet; pattes d'un roux pâle, articulations et tibias antérieurs d'un brun rougeâtre, tarses obscurs au sommet, épines des tibias antérieurs sub-égales.

Longueur du mâle, 3 lignes.

5. *B. Orbatus.* Noir, immaculé; ailes brunes; la nervure de jonction centrale manque.

Patrie, la Pensylvanie.

Pattes et hanches couleur de poix; tubercule huméral couleur de poix; ailes obscures, plus particulièrement sur le bord costal; la nervure transversale du disque qui, dans les autres espèces, unit ensemble les branches internes des deux nervures bifurquées, manque entièrement.

SCIARA. Meig., Wied.

1. *S. Femorata.* Noir; cuisses pâles.

Patrie, la Pensylvanie.

Ailes hyalines, nervures brunes; balanciers grands;

cuisses et hanches pâles ou d'un blanc jaunâtre ; abdomen jaunâtre sale obscur, bord latéral et bords postérieurs des segments noirâtres.

Longueur, 1 ligne.

DILOPHUS, Meig., Wied.

1. *D. Stigmaterus*. Noir ; stéthidion et cuisses roux ; deux rangées d'épines sur le corselet ; ailes blanchâtres avec une tache costale obscure.

Patrie, le Missouri.

Corps noir foncé ; tête allongée ; antennes noires, article de la base pâle ; yeux ovales-oblongs ; corselet d'un roux pâle, avec une rangée transversale, non interrompue, d'épines aiguës, rapprochées, sur le collier, et une autre rangée de plus petites placées au-dessus de l'insertion des pattes antérieures ; ailes blanchâtres avec une tache noire distincte sur le milieu du bord costal ; pattes noires, trochanters et milieu des cuisses d'un roux pâle ; tibias antérieurs avec une rangée d'épines aiguës, proéminentes, sur le milieu antérieur et à l'extrémité, épines couleur de poix au sommet.

Longueur, près de 3 lignes.

Trouvé au cantonnement des Ingénieurs.

2. *D. Spinipes*. Noir ; stéthidion et cuisses roux ; deux rangées d'épines sur le corselet, l'antérieure interrompue dans le milieu ; ailes brunes.

Patrie, le Missouri.

Corps noir ; tête allongée ; corselet d'un roux pâle, avec une rangée transversale d'épines rapprochées sur le collier, interrompue dans le milieu, et une autre rangée de plus petites placées au-dessus de l'insertion des pattes antérieures ; ailes noirâtres, bord costal plus foncé ; pattes noires, cuisses et articulations de la base des paires antérieures d'un roux pâle ; tibias antérieurs avec trois rangées d'épines aiguës, proéminentes, placées près de la base, du milieu et de l'extrémité.

Longueur, depuis les yeux jusqu'au sommet des ailes, 3 1/2 lignes.

Trouvé près le fort Osage.

Il diffère du précédent en ce qu'il est beaucoup plus grand, que la rangée antérieure d'épines sur le corselet est interrompue dans le milieu, et qu'il a une triple rangée d'épines sur les tibias antérieurs.

3. *D. Thoracicus.* Noir, stéthidion et les deux paires antérieures de cuisses d'un roux pâle ; la rangée antérieure d'épines sur le corselet non interrompue.

Patrie, la Pensylvanie et le Maryland.

Épines du corselet, écusson et métathorax, noirs ; pleures et poitrine, excepté les incisures, noires ; ailes brunes, stigmate plus foncé ; balanciers noirs ; hanches antérieures et cuisses, excepté les incisures de la base et du sommet, d'un roux pâle ; cuisses intermédiaires, excepté la base et le sommet, également d'un roux très-pâle ; tibias antérieurs épineux antérieurement, au-delà du milieu et au sommet.

Longueur, jusqu'au sommet des ailes, près de 3 lignes.

Il se distingue du *Spinipes* par sa taille qui est plus petite, et du *Stigmaterus* par la couleur foncée de ses ailes, etc.

MYOPA. Fabr., Latr.

1. *M. Vesiculosa.* Tête en dessous vésiculaire et blanche ; ailes blanchâtres à la base.

Patrie, la Pensylvanie.

Corps assez fort ; rostre d'un brun-rougeâtre foncé ; hypostôme et joues vésiculaires, blancs, légèrement teintés de jaune ; front et occiput d'un brun-jaunâtre, le premier a deux lignes foncées dilatées ; antennes d'un brun-rougeâtre, avec le troisième article blanc-jaunâtre ; corselet brun-rougeâtre obscur, varié de noirâtre, d'un noir foncé sur l'écusson ; balanciers d'un jaune pâle ; ailes un peu obscures, légèrement plus foncées sur le milieu du bord costal, la base blanchâtre ; pleures et poitrine d'un brun-rougeâtre ; pattes d'un brun foncé, genoux, base des tibias et des tarses, excepté les points des articulations, d'un blanc jaunâtre ; tergum brun-noirâtre, plus pâle sur le bord.

Longueur, 3 1/2 lignes.

2. *M. Longicornis*. Corps noir, velu ; ailes obscures, pâles à la base ; antennes aussi longues que la tête.

Patrie, le Missouri.

Antennes pâles sur le côté interne et en dessous ; hypostôme pâle, avec un reflet argenté ; front et vertex obscurs ; prosboscis noire ; corselet avec deux lignes pâles, obsolètes ; ailes noirâtres, pâles vers la base ; balanciers blanchâtres ; paires antérieures de pattes, ainsi que la cuisse à la base en dessous, et la jambe, pâles ; paire antérieure de trochanters pâle, avec un reflet argenté ; pattes postérieures ayant les cuisses pâles sur la moitié en partant de la base ; abdomen en massue et crochu au sommet.

Longueur, environ 3 1/2 lignes.

3. *M. Biannulata*. Corselet brun foncé ; tergum d'un pâle testacé, annelé d'obscur ; cuisses postérieures bi-annelées de brun.

Patrie, la Pensylvanie.

Hypostôme d'une couleur argent pur ; front roux jaunâtre ; vertex brun-noirâtre, obscur dans le milieu ; antennes blanches à la base, le troisième article roux-jaunâtre, l'extrémité obscure; style situé près du sommet, droit, noir; rostre presque aussi long que le corps, noirâtre, blanc à la base; corselet bordé de blanc; pleures, poitrine et paires antérieures de pattes, blanches; balanciers bruns; cuisses postérieures teintées de roux sur le milieu, avec un anneau brun de chaque côté du milieu, l'extrémité des tibias postérieurs, ainsi que leurs tarses, bruns; tergum jaune-rougeâtre, bords postérieurs des segments bruns; ventre étroit, blanc; oviducte de la femelle, brun sur sa moitié postérieure.

Longueur du mâle, 3 1/4 lignes; de la femelle, 4 lignes.

Le facies de cet insecte est tout-à-fait différent de celui des autres espèces de ce genre. Le corps est grêle, non recourbé; le rostre est très-allongé, l'oviducte de la femelle semble être la continuation atténuée de l'abdomen.

CONOPS. Fabr., Latr.

1. *C. Marginata*. Noir, légèrement velu; une ligne interrompue sur le corselet antérieurement et les sutures abdominales, jaunes; moitié costale des ailes brune.

Patrie, le Missouri.

Corps noir, avec des poils fins; tête d'un blanc jaunâtre; vertex noir, une ligne longitudinale bifurquée vers les antennes et une autre transversale au-delà de leur insertion; hypostôme avec une tache enfoncée noire, sagittée, et près de son sommet inférieur sur chaque côté une petite tache noire, triangulaire; yeux de couleur marron; proboscis noire; antennes noires, articles de la base et du sommet pâles en dessous; vertex noir, à peine élevé au-dessus des yeux; corselet avec une ligne transversale, jaune, antérieure, interrompue dans le milieu; écusson ferrugineux; ailes ayant la moitié costale noire; balanciers blanchâtres;

pattes d'un brun rougeâtre pâle ; abdomen en massue, recourbé à l'extrémité ; les segments, excepté le dernier, sont
bordés de jaune à leurs sommets ; les ailes ont la nervure
centrale de jonction petite.

Longueur, 5 lignes.

2. *C. Sagittaria*. Noir, légèrement velu ; tubercule huméral ferrugineux ; près des 2/3 de l'aile sont bruns.

Patrie, la Pensylvanie.

Corps avec des poils courts ; tête d'un blanc jaunâtre ;
vertex noir dans un sexe, et d'un blanchâtre sale dans
l'autre ; front avec une ligne noire longitudinale, bifurquée
vers l'insertion des antennes, et une autre transversale au-
delà ; hypostôme avec une tache enfoncée, sagittée, et une
autre noire sur chaque côté, près de la base de cette dernière ; proboscis testacée, noirâtre au sommet ; antennes
obscures en dessus, le dernier article roux en dessous ;
écusson d'un roux sale ; pattes rousses ; abdomen ayant les
segments bordés de jaune obsolète, celui du pétiole est
bordé de cendré terne ; les ailes ont la nervure centrale de
jonction très-marquée.

Longueur, plus de 6 lignes.

Cette espèce, plus grande que la précédente, a une plus
grande portion des ailes obscure ; point de bande interrompue sur le corselet, et une nervure de jonction beaucoup
plus longue sur le centre de l'aile.

ZODION. Latr.

1. *Z. Fulvifrons*. Cendré, front fauve ; corselet avec
deux lignes brunes, distantes.

Patrie, le Maryland et la Pensylvanie.

Tête en dessous, bouche, hypostôme et ligne orbitale,
d'un blanc pur ; proboscis noire ; antennes fauves, premier

article ferrugineux, deuxième avec une ligne obscure sur le bord supérieur; occiput noirâtre; balanciers d'un jaunâtre pâle, style roux; pattes d'un roux terne, tibias blancs sur le bord externe; tergum avec deux lignes noirâtres, irrégulières, les derniers segments testacés.

Longueur, 3 1/2 lignes.

Sur les fleurs.

2. *Z. Abdominalis*. Testacé; corselet obscur; proboscis noire.

Patrie, le pied des montagnes Rocheuses.

Corps avec de nombreux poils courts; tête argentée, vertex testacé; antennes d'un roux pâle; yeux et stemmates d'un brun rougeâtre; proboscis noire; corselet cendré obscur, avec deux lignes dorsales brunes, courtes, et une autre intermédiaire obsolète; ailes hyalines, immaculées, nervures testacées à la base, brunes vers le sommet; abdomen et pattes, testacés.

Longueur, jusqu'au sommet de l'abdomen, 3 lignes.

Je m'en suis procuré un individu au cantonnement des Ingénieurs; il était moitié plus petit.

DOLICHOPUS. *Fabr.*

1. *D. Sipho*. Vert; ailes bifasciées; pattes blanchâtres.

Patrie, les États-Unis.

Corps d'un vert brillant; hypostôme couvert d'un duvet blanchâtre; front bleu; antennes et palpes noirs; proboscis jaunâtre; corselet teinté de bleu; écusson bleu; ailes avec deux bandes brunes ou fuligineuses, un peu obliques, qui n'atteignent pas le bord postérieur et sont réunies sur le bord costal par une ligne dilatée de la même couleur, faisant une marque en forme de siphon; poitrine avec un reflet un peu argenté de chaque côté; pattes blanchâtres; tarses obscurs.

Longueur, 3 lignes.

Il n'est pas rare ; les derniers segments du tergum dans le mâle sont teintés d'or, mais le dernier de tous dans les deux sexes est bleu. La nervure centrale est fourchue, la branche externe est largement angulaire et se termine près du sommet de la nervure précédente.

2. *D. Unifasciatus*. Vert bleuâtre ; une bande blanche à la base de l'abdomen.

Patrie, la Pensylvanie.

Corps d'un vert bleuâtre, lisse, grêle ; antennes, palpes et proboscis, blanchâtres ; écusson bleu ; ailes immaculées ; pattes blanchâtres ; tergum ayant le premier segment et la moitié du deuxième blanchâtres, la moitié postérieure du deuxième et le troisième segment fortement teintés de bleu, les autres verts.

Longueur, 3 lignes.

La nervure centrale de l'aile est fourchue, la branche externe est largement angulaire et se termine près du sommet de la nervure précédente, qui est fortement recourbée en dedans vers son sommet.

3. *D. Obscurus*. Cuivreux-noirâtre ; ailes obscures ; pattes pâles.

Patrie, la Pensylvanie.

Tête d'une couleur argentée foncée ; antennes d'un brun-noir ; bouche noirâtre ; corselet et écusson d'un cuivreux-noirâtre ; ailes obscures ; pattes blanches, un peu obscures sur les tarses ; balanciers blancs ; tergum un peu plus foncé que le corselet.

Longueur, 1 1/2 ligne.

La nervure centrale de l'aile est presque droite, imperceptiblement réfléchie.

4. *D. Femoratus.* Vert ; tibias et tarses blanchâtres.

Patrie , la Pensylvanie.

Corps d'un vert brillant avec des reflets bleuâtres ; front couvert d'un duvet blanchâtre ; antennes noirâtres; proboscis jaunâtre ; ailes hyalines ; écusson bleu ; cuisses vertes , et , à l'exception des postérieures , blanchâtres au sommet ; tibias blancs , tarses obscurs ; tergum ayant les derniers segments cuivreux sur leurs bases.

Longueur, 1 3/4 ligne.

Le brillant et la nuance de vert dans cet insecte sont les mêmes que dans le *D. Sipho* , lorsqu'il est vivant ; lorsqu'il est frappé par les rayons du soleil , il ressemble à de l'or bruni. Les nervures sont presque les mêmes que dans le *Sipho*.

5. *D. Cupreus.* Vert, varié de cuivreux ; pattes blanchâtres , tiquetées d'obscur.

Patrie , le Maryland.

Front pâle , avec des poils fins argentés ; vertex bleu pourpré ; antennes pâles, jaunâtres , noires sur le bord supérieur et au sommet ; palpes et proboscis d'un jaunâtre pâle ; corselet cuivreux ; écusson d'un cuivreux verdâtre ; pattes blanchâtres, obscures au sommet ; tergum vert, varié de cuivreux , bords postérieurs des segments cuivreux.

Longueur, 3 lignes.

Cette espèce est plus grande que les précédentes. J'en ai trouvé plusieurs exemplaires sur les côtes orientales du Maryland et de la Virginie.

La nervure centrale est courte , mais réunie angulairement près de son sommet à sa branche parallèle par une courte nervure qui se dirige un peu vers la base de l'aile.

6. *D. Patibulatus.* Vert ; ailes bi-fasciées ; pattes noires.

Patrie, la Floride orientale.

Corps d'un vert brillant ; hypostôme couvert d'un duvet blanchâtre ; antennes et palpes, noirs ; proboscis d'un noir de poix ; ailes avec deux bandes brunes ou fuligineuses au-delà du milieu, perpendiculaires au bord costal, n'atteignant pas le bord interne et réunies sur le bord costal par une ligne dilatée de la même couleur ; pattes noires, cuisses et hanches d'un bleu noirâtre.

Longueur du mâle, près de 2 lignes.

Cette espèce ressemble beaucoup au *D. Sipho*, mais elle est beaucoup plus petite, les bandes des ailes ne sont point obliques, et les pattes sont entièrement colorées.

SARGUS. *Latr., Meig.*

1. *S. Viridis.* Corps vert, lisse ; ailes obscures ; yeux cuivreux en dessus.

Patrie, les États-Unis.

Corps vert, lisse, varié de cuivreux, pourpré dans un certain jour, et couvert de poils très-courts ; yeux très-larges, bruns, d'un vert foncé dans l'insecte frais, lisses en dessous, teintés en dessus de cuivreux, presque opaques, le vert de la portion inférieure est séparé par une ligne rouge ; antennes noires ; lèvre pâle ; tibias noirâtres.

Longueur, 4 lignes.

Var. A. Pourpré-bleuâtre.

Var. B. Pourpré-bleuâtre ; abdomen vert.

J'ai trouvé cette jolie espèce près de Cincinnati, posée sur une feuille : elle habite aussi les États atlantiques. Elle paraît d'un vert vif, quoique couverte de poils très-courts ; mais ces poils sont à peine visibles à l'œil nu.

Elle est très-voisine du *S. Xanthopterus*, Fabr.; mais les articles des pattes ne sont pas jaunâtres comme dans cette dernière espèce.

SCÆVA. *Fabr., Latr.*

1. *S. Polita*. Corselet ayant une ligne jaune de chaque côté, et sur le dos une autre ligne cendrée; tergum avec des bandes et des taches carrées, jaunes.

Patrie, les États-Unis.

Tête jaune, d'une couleur argentée obscure au-dessus des antennes; corselet un peu olivâtre, avec une ligne jaune au-dessus des ailes, et une ligne cendrée sur le dos; écusson d'un jaunâtre obscur avec le bord plus pâle; pattes blanchâtres; tergum noir, segment de la base ayant les bords basal et latéral jaunes; le deuxième segment avec une bande jaune transversale sur le milieu; les troisième et quatrième avec une bande et une ligne longitudinales; de chaque côté de la ligne il y a une large tache sub-triangulaire, transversale, jaune; le cinquième avec les taches et la base jaunes, mais sans la ligne longitudinale.

Longueur, 1 3/4 ligne.

2. *S. Obliqua*. Corselet d'un bronzé verdâtre, avec une tache jaune avant les ailes; tergum avec des bandes et des taches jaunes.

Patrie, les États-Unis.

Tête jaune, une ligne obscure au-dessus des antennes; orbites jaunes jusqu'au vertex; antennes noirâtres sur le bord supérieur; corselet d'un bronzé-vert foncé, avec une tache jaune avant les ailes; écusson d'un jaune vif; pattes blanchâtres, tibias antérieurs et tarses un peu dilatés, les derniers articles courts, cuisses postérieures avec une bande obsolète, tibias avec deux bandes, extrémité de tous les tarses obscure ; tergum noir, le premier segment avec le bord basal jaune ; le deuxième avec une bande à la base, interrompue en deux triangles oblongs, et une autre bande plus large sur son milieu, jaunes ; le troisième avec une seule bande qui est quelquefois double ; les quatrième et cinquième chacun avec une tache ovale-oblongue, oblique de chaque côté et deux lignes longitudinales sur le milieu, jaunes.

Longueur, 1 3/4 ligne.

Il ressemble au précédent, mais il n'a point de ligne sur le corselet, et les marques du tergum sont différentes.

3. *S. Concava.* Corselet d'un vert bleuâtre ; tergum avec quatre bandes jaunes.

Patrie, la Pensylvanie.

Tête blanchâtre, soyeuse ; antennes d'un testacé pâle ; bord de la bouche obscur ; corselet d'un vert bleuâtre, avec des poils cendrés pâles ; écusson obscur, un peu livide ; pattes blanchâtres, d'un roux terne à la base ; poitrine glauque foncé ; tergum noir, quadrifascié de jaune ; première bande interrompue, triangulaire de chaque côté, les autres concaves postérieurement, la dernière étroite.

Longueur, plus de 4 lignes.

Il ressemble beaucoup au *S. Ribesii* des auteurs, mais les deuxième et troisième bandes du tergum sont largement concaves postérieurement, au lieu d'être entaillées presque d'une manière aiguë comme dans les espèces communes d'Europe. Je me suis procuré plusieurs nymphes de cet insecte qui étaient attachées par la partie inférieure de l'abdomen aux barres d'une grille. L'insecte est sorti le 22 avril.

4. *S. Quadrata*. Corps d'un bronzé bleuâtre ; abdomen avec huit taches jaunâtres , carrées , très-larges.

Patrie, les États-Unis.

Tête d'un bronzé bleuâtre, avec des poils cendrés, courts ; élévation frontale obscure ; antennes d'un brun rougeâtre foncé ; corselet et écusson d'un bronzé bleuâtre, lisses, immaculés ; pattes testacées ; tibias antérieurs et tarses du mâle dilatés, les articles de ces derniers très-raccourcis ; le premier et le dernier article des tarses postérieurs noirâtres ; tergum avec huit taches fauves, carrées, très-larges, occupant presque toute la surface et laissant seulement une ligne dorsale et les incisures noires ; les deux taches du pénultième segment sont à peine séparées , quelquefois elles sont unies en une bande continue et le dernier segment est immaculé , un peu livide ; ventre jaune , blanchâtre à la base.

Longueur, près de 4 lignes.

Cet insecte se rapproche par la forme et les couleurs du *S. Mellina* , Fabr. ; mais les taches du tergum occupent une bien plus grande portion de cette partie.

5. *S. Emarginata*. Corselet d'un vert foncé avec le bord jaune ; tergum avec des bandes jaunes.

Patrie , la Floride orientale.

Front jaune ; antennes brunes sur le bord supérieur, une double tache noirâtre au-dessus de la base des antennes ; corselet vert foncé , avec une ligne jaune de chaque côté ; écusson jaune ; pattes jaunes , cuisses postérieures et tibias obscurs dans le milieu ; tergum noir ; premier segment jaune sur le bord externe , le deuxième avec une tache transversale , ovale-oblongue , sur chaque côté, atteignant le bord externe ; le troisième avec le bord des angles de la base , la bande échancrée sur le milieu n'atteignant pas le bord latéral, et le bord postérieur, tous les trois jaunes ; le quatrième avec le bord des angles latéraux qui se réunit au sommet du précédent segment pour former une bande étroite , une bande sur le milieu n'atteignant pas les bords latéraux et très-profondément échancrée postérieurement, et le bord postérieur, jaunes ; le cinquième ayant de chaque côté une tache basale, triangulaire et le sommet, jaunes.

Longueur, jusqu'au sommet des ailes , 5 1/2 lignes.

Ce n'est qu'après quelque examen que l'on peut apercevoir la différence qui existe entre cet insecte et le *S. Corollæ* de Fabr. ; mais en observant les troisième et quatrième segments du tergum , on verra qu'il y a au moins deux bandes de plus dans la présente espèce ; ces bandes sont étroites et formées par le confluent du jaune des bords postérieurs de ces segments avec le jaune des angles de la base des segments suivants.

Il est très-probable que la bande placée sur le milieu du quatrième segment , et peut-être aussi celle du troisième , sont quelquefois entièrement séparées chacune, par leur échancrure postérieure , en deux taches ovales.

6. *S. Marginata*. Corselet noirâtre , avec le bord jaune ; tergum , taches , bandes et bords , jaunes.

Patrie , les États-Unis.

Tête jaune, avec une ligne noire au-dessus des antennes ; corselet noirâtre , teinté d'olivâtre ou de glauque , avec une ligne jaune latérale continuée jusqu'à l'écusson , et une autre ligne dorsale, cendrée, obsolète ; écusson jaune ; pattes pâles , tarses postérieurs un peu obscurs au sommet ; tergum noirâtre , bordé de jaune ; le premier segment avec le bord de la base jaune ; le deuxième avec une bande jaune sur le milieu ; les troisième et quatrième chacun avec une ligne dorsale et une tache un peu oblique de chaque côté , confluentes avec la base , jaunes , ils sont quelquefois teintés de roux ; le cinquième avec deux taches jaunes , obliques , confluentes au sommet.

Longueur , 2 1/2 lignes.

Cet insecte est plus petit que les précédents et peut s'en distinguer facilement par le bord abdominal jaune aussi bien que par l'arrangement différent de ses taches. Il est sujet à varier dans le caractère de son tergum ; quelquefois les taches sont presque confluentes l'une avec l'autre, ou bien il est teinté de roux.

7. *S. Gemminata*. Corselet avec le bord jaune ; tergum avec des bandes et des taches jaunes.

Patrie , les États-Unis.

Tête d'un jaune argenté , glauque à sa jonction avec le corselet ; antennes jaunes ; corselet d'un bronzé noirâtre , ayant une ligne jaune de chaque côté et une autre ligne dorsale , cendrée , obsolète ; écusson de la même couleur que le corselet, avec le bord jaune ; pattes pâles , la paire postérieure a les cuisses et les tibias argentés , les premières noirâtres au sommet, les dernières sub-bifasciées de brun ; tergum noir ; le premier segment jaune sur le bord de la base ; le deuxième avec une bande jaune sur le milieu ; les troisième et quatrième chacun avec une ligne longitudinale centrale et deux taches triangulaires de chaque côté ; les cinquième avec quatre taches.

Longueur, environ 2 1/2 lignes.

Il est à peu près de la même taille que le *S. Marginata*, Say, dont il se distingue par les doubles taches latérales du tergum , ainsi que par l'absence d'une bordure jaune sur cette partie du corps.

8. *S. Affinis*. Corselet noir-bleu ; tergum noir avec trois lunules jaunes sur chaque côté.

Patrie, l'Arkansa.

Tête blanchâtre, noire entre les angles supérieurs des yeux ; antennes brunes ; élévation frontale, angle oral supérieur, et proboscis, noirs ; corselet et poitrine d'un noir-bleu avec de longs poils blanchâtres, épais, de chaque côté ; nervures testacées ; écusson testacé pâle ; pattes blanchâtres, obscures à la base ; tergum noir, avec trois lunules de chaque côté, et le bord des deux derniers segments jaunes ; ventre jaunâtre, avec le bord externe et le disque des segments, noirs.

Longueur, jusqu'au sommet des ailes, 7 lignes.

De la grandeur du *S. Transfuga*, Fabr., auquel il ressemble beaucoup ; il ne s'en distingue que par la couleur un peu plus foncée. Ne serait-ce pas une variété de cette espèce ?

RHINGIA. *Fabr.*

1. *H. Nasica*. Tergum du mâle jaune, avec les incisures et une ligne dorsale, noires.

Patrie, les États-Unis.

Front jaune, dessous de la bouche obscur ; nez proéminent ; corselet bronzé, avec deux lignes cendrées obsolètes sur le bord antérieur ; écusson testacé pâle, avec une large tache brune de chaque côté ; pattes d'un jaunâtre pâle, cuisses d'un brun-rouge terne à la base ; milieu des tibias postérieurs et premier article des tarses, obscurs ; tergum noir ; une large tache jaune transversale, oblongue, carrée, occupe chaque côté du disque et s'étend au bord latéral de chacun des trois segments de la base.

De la grandeur du *S. Rostrata*, Fabr., auquel il ressemble beaucoup ; mais il y a plus de noir sur le tergum, les lignes des incisures et la ligne dorsale étant plus larges et d'une couleur beaucoup plus foncée ; le quatrième segment aussi est beaucoup plus foncé que dans cet insecte. Je possède une femelle qui ressemble encore plus au *rostrata*, la couleur et les marques de la tête, du corselet et de l'écusson étant les mêmes ; le quatrième segment du tergum est très-fortement teinté de jaune, mais cependant la remarque ci-dessus, concernant l'intensité de la couleur des sutures et des lignes dorsales, regarde la présente espèce.

SICUS. Meig.

1. *S. Fenestratus*. Noirâtre ; pattes pâles, cuisses avec une ligne noire.

Patrie, les États-Unis.

Antennes d'un blanc jaunâtre ; palpes d'un blanc pur ; proboscis de la couleur des antennes ; corselet d'un noir de poix ; écusson bi-épineux ; ailes un peu obscures ; pattes blanchâtres, cuisses antérieures dilatées, avec une ligne généralement noire, en scie, courbée sur le côté interne ; tibias antérieurs, cuisses et tibias postérieurs, avec une ligne noire sur chaque côté, et généralement une tache noire sur la première articulation des hanches antérieures ; tergum brun, dernier article noir.

Longueur, 1 3/4 lignes.

EMPIS. Fabr., Lat.

1. *E. 5-lineata*. Corps cendré noirâtre ; corselet avec cinq lignes ; pattes d'un testacé terne.

Patrie, le Missouri.

Yeux couleur de sang ; front cendré au-dessous des antennes ; proboscis d'un brun-noir ; corselet avec trois lignes dorsales brunes, longitudinales, velues, obsolètes postérieurement, et une autre ligne latérale de chaque côté ; ailes brunes, un peu plus pâles à la base ; pattes d'un brun testacé ; tarses noirs.

Longueur, jusqu'au sommet des ailes, 5 1/2 lignes.

Les nervures des ailes ressemblent à celles du *Tachydromia Nigripennis*, Fabr.

2. *E. Cillipes*. Corps cendré ; corselet avec quatre lignes noires ; ailes brunes, plus pâles à la base.

Patrie, l'Ohio.

Corps cendré noirâtre ; yeux d'un brun-rouge, ceux du mâle occupant presque toute la tête ; stemmates noirs ; antennes noires, les premier et deuxième articles avec des poils cendrés, courts ; proboscis cornée, noire, lisse ; corselet velu, avec deux lignes dorsales noires, longitudinales, obsolètes postérieurement, et une autre latérale de chaque côté ; ailes brunes, plus pâles à la base, nervures d'un brun foncé ; pattes noires ; tibias postérieurs dilatés dans le mâle vers le sommet et fortement velus en dessus, poils cendrés ; abdomen noir, cilié de poils cendrés épais, terminé en pointe dans la femelle ; dans le mâle l'extrémité est dilatée et brusquement réfléchie.

Longueur du corps, 3 1/2 lignes.

Cet insecte est assez commun, vers le 16 de mai, près de Cincinnati. Les nervures des ailes sont comme celles de l'espèce précédente, dont il se distingue en ce qu'il est plus petit, qu'il a une ligne de moins sur le corselet, etc.

3. *E. Scolopacea*. Cendré, avec un reflet argenté ; pattes d'un brun rougeâtre.

Patrie, le Maryland et la Pensylvanie.

Tête noire ; antennes d'un brun rougeâtre foncé ; proboscis jaunâtre ; corselet marqué légèrement de trois lignes ; tergum immaculé, argenté, avec un reflet plus vif que sur le corselet ; ailes immaculées, nervures pâles ; pattes d'un brun rougeâtre terne.

Longueur, près de 2 lignes.

Il se rouve sur les fleurs.

CALOBATA. *Latr., Meig.*

1. *C. Antennœpes.* Noir ; pattes pâles, tarses antérieurs blancs, tarses postérieurs blancs à la base.

Patrie, les États-Unis.

Corps allongé, grêle, d'un noir foncé, immaculé ; yeux d'un brun-marron ; antennes, le dernier article blanc ; corselet d'un noir foncé avec une teinte plombée : pattes allongées, paire antérieure moyenne, plus courte que le corps, noire, pâle à la base, avec les tarses d'un blanc pur ; paires intermédiaire et postérieure beaucoup plus longues que le corps, pâles, avec les cuisses annelées de noir au-delà du milieu et près du sommet, tibias noirs, un peu pâles vers le sommet, tarses noirs, ceux des pattes intermédiaires pâles sur le dernier article, ceux des postérieures avec l'article de la base d'un blanc pur ; abdomen noir foncé, lisse ; ventre pâle en dessous sur les segments du milieu.

Longueur du corps, 3 1/2 lignes ; des pattes postérieures, près de 7 lignes.

La paire antérieure des pattes, comparée avec les autres, est très-courte ; étendue en avant de la tête, beaucoup au-dessus du plan sur lequel l'insecte est placé et constamment en vibration, elle a l'apparence d'antennes. La blancheur des tarses antérieurs est très-distincte et caractéristique.

Cette espèce a été trouvée dans l'État des Illinois ; on la rencontre aussi à Philadelphie.

2. *C. Pallipes*. Noir ; bouche, antennes et pattes, d'un blanc jaunâtre.

Du Missouri.

Corps noir allongé, grêle ; front, antennes et bouche, d'un blanc jaunâtre ; vertex noir velouté, opaque, bordé de chaque côté par une ligne argentée ; corselet avec une ligne blanche de chaque côté avant les ailes ; nervures pâles ; pattes, y compris les hanches, d'un blanc jaunâtre.

Longueur, jusqu'au sommet de l'abdomen, 2 3/4 lignes.

Cette espèce est bien plus petite que la précédente.

LOXOCERA. *Latr.*

1. *L. Cylindrica*. Roux jaunâtre ; pattes plus pâles.

De la Pensylvanie.

Corps d'un roux jaunâtre ; tête variée de couleur obscure qui devient obsolète après le vertex ; antennes brunes, pâles à la base, blanchâtres sous la tête ; corselet avec une bande ondulée sur le bord antérieur, une ligne dorsale et une ligne obsolète avant l'aile, noires ; ailes un peu obscures, particulièrement au sommet ; pattes blanchâtres ; abdomen immaculé.

Longueur, 3 1/4 lignes.

Var. A. Lignes du corselet obsolètes ou manquantes. Il est de la grandeur environ du *L. Ichneumonea*, Fabr., mais il en diffère par plusieurs caractères.

PYROPA. *Illig.*

1. *P. Furcata*. Jaunâtre, velu ; d'un plombé pâle au-dessous

de l'écusson ; ailes avec deux anastomoses obscurs.

Du Missouri.

Corps d'un brun jaunâtre pâle, velu ; tête au-dessous des antennes, et orbites étroits d'un blanc jaunâtre, un peu lisses ; antennes rousses ainsi qu'une large tache en dessus bifurquée au sommet ; proboscis couleur de poix ; corselet rayé de brun obsolète ; ailes avec deux anastomoses noirâtres ; dessous de l'écusson teinté de plombé pâle, descendant vers l'origine des pattes postérieures ; tergum avec des poils bien fournis ; pattes velues, particulièrement la paire antérieure dont les cuisses sont marquées par une ligne obscure, dilatée en dessus.

Longueur, jusqu'au sommet des ailes, 4 3/4 à 5 1/4 lignes.

Il est un peu plus petit que le *P. Lutaria*, auquel il ressemble beaucoup ; mais il s'en distingue par la marque obscure placée sur les cuisses antérieures.

OCHTHERA. Latr.

1. *O. Empiformis.* Blanchâtre ; tergum noir ; tête cendrée ; yeux très-grands, noirs.

Du pays des Illinois.

Corps blanchâtre ; tête cendrée, sub-globulaire ; yeux de forme ovale, très-grands, se rapprochant au-dessous de l'origine des antennes, noirs ; antennes blanchâtres, brusquement brisées en dehors au troisième article ; rostre pâle ; corselet obscur en dessus ; pattes blanches, cuisses des antérieures dilatées, fortes, échancrées au-delà du milieu pour recevoir le sommet des tibias, et armées en dessous de soies assez longues, placées à égale distance ; tibias recourbés au sommet et mucronés, armés en dessous de soies rapprochées, courtes ; pattes intermédiaires et postérieures blanches , extrémité des tarses noirâtres ; abdomen noir foncé , immaculé.

Longueur du corps , 1 1/4 ligne.

SCENOPINUS. *Latr., Fabr.*

1. *S. Pallipes*. Corselet noir un peu métallique, avec un petit tubercule roux sur le bord près de l'épaule ; pattes pâles.

De la Pensylvanie.

Tête noire, légèrement métallique , avec de nombreux poils courts qui lui donnent une apparence granulée , une ligne frontale et une orbitale, glabres, lisses ; corselet avec de nombreux poils courts, l'écusson paraissant granulé, un tubercule roux obsolète sur le bord latéral près de l'é-paule ; ailes un peu obscures , nervures brunes ; balanciers jaunâtres , d'un brunâtre foncé sur la surface supérieure ; pattes d'un jaunâtre pâle , tarses obscurs ; tergum noir, sillonné transversalement, lisse ; ventre noir, avec un reflet métallique.

Longueur du mâle , 2 1/4 lignes.

Cette espèce est très-voisine du *S. Fenestratus*, Fabr.

BACCHA. *Meig.*

1. *B. Fuscipennis*. Bronzé ; ailes obscures , avec une tache blanchâtre à l'extrémité.

Patrie , la Pensylvanie.

Corps d'un bronzé foncé ; tête jaunâtre, bronzée au-dessus des antennes ; ailes d'un fuligineux foncé avec un bord hyalin sur le bord postérieur près du sommet et près de la base ; pattes d'un testacé terne , paire postérieure la plus longue ; abdomen allongé , cylindrique , teinté de roux.

Longueur, 5 lignes.

heleomyza. *Fall.*

1. *H. 5-punctata.* Brun rougeâtre clair ; ailes avec quelques taches brunes ; tergum fascié de noir.

Du Missouri.

Corps d'un brun rougeâtre pâle ; vertex teinté de fauve ; yeux couleur de sang terne ; antennes d'un brun rougeâtre, avec une soie noire, plumeuse, séparées à la base par une carène courte, obtuse, légèrement élevée : front testacé jaunâtre ; bouche et menton blanchâtres ; corselet avec de nombreux points noirs et deux rangées dorsales de soies ; ailes obscures, avec cinq taches noirâtres, dont deux sur les anastomoses et trois au sommet, bord costal avec des soies raides, courtes ; poitrine, ventre et pattes, d'un testacé blanchâtre, les trois derniers articles des tarses noirs ; tergum plus pâle que le corselet, bords postérieurs des segments avec une bande noire bien arrêtée.

Longueur, jusqu'au sommet des ailes, 4 lignes.

Cet insecte est très-commun sur le Missouri ; je l'ai observé particulièrement au-dessus de Cow-Island.

olfersia. *Leach.*

1. *B. Albipennis.* Brun noirâtre ; ailes blanchâtres.

Elle vit sur l'*Ardea Herodias.*

Menton blanc ; corselet avec les lignes croisées distinctes, la ligne longitudinale teintée de jaune, tubercule huméral proéminent, pâle, obtus ; écusson avec une ligne enfoncée ; nervures brunes, cellule interne plus petite de plus de moitié que la précédente qui s'étend jusqu'à la base de l'aile ; poitrine avec un angle proéminent de chaque côté entre les paires antérieures des pattes ; tergum brunâtre pâle, avec la base, le disque et le sommet, noirs.

Longueur, 2 1/2 lignes.

ORNITHOMYIA. *Latr.*, *Leach.*

1. *O. Nebulosa.* Tête jaune ; pattes pâles ; tibias avec deux lignes d'un brun rougeâtre.

Elle se trouve sur la *Strix Nebulosa.*

Yeux d'un brun noirâtre ; gaine et hypostôme pâles ; corselet brun rougeâtre , avec une large tache humérale jaunâtre et trois lignes longitudinales dont l'intermédiaire renferme une ligne enfoncée qui interrompt une ligne transversale enfoncée ; angle huméral proéminent , subaigu ; spiracule blanc ; nervures marginales d'un brun noirâtre , celles du disque brunes ; écusson brun rougeâtre , varié de jaune à la base ; poitrine d'un blanc-jaune, avec le bord antérieur bifurqué ; tarses d'un brun rougeâtre foncé, ongles noirs ; abdomen brunâtre pâle, avec des poils noirs, le premier segment jaune pâle sur sa face antérieure.
Longueur, 3 1/2 lignes.

2. *O. Pallida.* Pâle ; cellule intermédiaire de l'aile s'étendant presque jusqu'au sommet de la cellule externe.

Elle se trouve sur la *Sylvia Sialis.*

Yeux d'un marron noirâtre ; antennes de couleur marron , extrémité blanche ; labre bifurqué, blanc ; hypostôme blanchâtre ; front d'un blanc-jaune , avec une lunule brune au-dessus de l'hypostôme et une tache sur le vertex ; col et joues, blancs ; corselet varié de jaunâtre pâle et de jaune de miel pâle , avec des lignes en forme de croix enfoncées, distinctes ; écusson jaune de miel pâle , bordé de jaune pâle ; nervures costales d'un brun foncé à la base , celles du disque brunes, la nervure transversale de la cellule intermédiaire est en contact avec celle de la cellule précédente ; poitrine et pattes blanches, tibias avec une ligne brune, tarses teintés de vert ; ongles noirs ; abdomen blanc jaunâtre

Longueur, 2 1/4 lignes.

3. *O. Confluenta*. Brun rougeâtre ; nervures costales de l'aile confluentes avant leur terminaison.

Elle se trouve sur l'*Ardea Candidissima*.

Vertex avec une tache brune foncée ; occiput jaunâtre pâle ; épaule avec une tache pâle, les angles nullement saillants, obtus ; nervures costales brunes ; pattes d'un brun jaunâtre, tibias avec une ligne d'un brun foncé, ongles noirs.

Longueur, 1 1/2 ligne.

Le caractère remarquable des nervures costales de cette espèce la distingue suffisamment des autres ; ces nervures sont confluentes environ à moitié de leur longueur à partir de la terminaison de la première cellule jusqu'à leur sommet.

MELOPHAGUS. *Latr., Leach*.

1. *M. Depressus*. Testacé pâle ; yeux sub-ovés.

Il vit sur le *Cervus Virginianus*.

Corps lisse, un peu velu, mais paraissant parfaitement glabre à l'œil ; hypostôme jaune avec deux lignes brunes ; vertex obscur avec trois points échancrés ; corselet inégal avec une ligne enfoncée dans le milieu, et avec les bords latéral et postérieur d'un brun rougeâtre foncé ; pattes légèrement velues, les griffes noires ; poitrine avec des rangées transversales d'épines noires très-courtes ; tergum déprimé, ponctué, deux lignes enfoncées divergentes de presque la base jusqu'au bord, au-delà du milieu ; ventre plus pâle que le tergum, avec des poils courts, semblables à des épines, noirs, couchés, et une série arquée d'épines près de la base.

Longueur, 1 1/2 ligne.

Cette espèce paraît être bien plus petite que l'*Hippobosca Cervi* d'Olivier, dont elle est probablement voisine, quoiqu'après l'avoir comparée avec la description d'Olivier, je la considère comme assez distincte. Elle a, comme cet insecte, de légers rudiments d'ailes.

TOME TROISIÈME, PREMIÈRE PARTIE (1823), pag. 139 à 216.

8e MÉMOIRE.

Descriptions de Coléoptères recueillis dans la dernière expédition aux montagnes Rocheuses,

Entreprise par ordre de M. *Calhoun*, ministré de la guerre, sous le commandement du major *Long*; par Thomas Say, zoologiste de cette expédition,

Lues le 22 octobre 1823.

MANTICORA. *Fabr.*

1. *M. Cylindriformis.* Brun marron foncé; élytres irrégulièrement ponctuées.

D'Arkansa.

Corps d'un brun marron foncé, non ponctué; tête noirâtre; labre bidenté; mandibules très-fortement dentelées : corselet rétréci postérieurement, non élevé; une ligne longitudinale, aiguë, enfoncée, une autre dentelée, transversale, obsolète, arquée antérieurement, prenant naissance aux angles antérieurs, et enfin une troisième encore plus obsolète prenant aussi naissance aux angles antérieurs et formant un angle au-delà du milieu; base non sinuée, avec une ligne dentelée marginale et une autre obsolète submarginale; écusson nul : élytres réunies à la suture, un peu plus pâles que le corselet, irrégulièrement marquées de points inégaux dont beaucoup sont précédés par un point légèrement élevé; une ligne sub-marginale et une autre marginale élevée, la ligne du bord aiguë, pas plus élevée que les autres : épipleures avec des points plus larges et plus distinctement rugueux.

Longueur, 1 pouce.

Cet insecte a été trouvé à la base des montagnes Rocheuses. L'abdomen est beaucoup moins dilaté que celui du *M. Maxillosa.*

CICINDELA. *Lin. , Latr.*

1. *C. Scutellaris.* Verte ; élytres , excepté la partie antérieure de la suture , d'un cuivreux rougeâtre et poli.

D'Arkansa.

Tête et corselet d'un vert un peu varié de violet ; antennes noires au sommet ; labre , base des mandibules en dessus , blancs : élytres brusquement arrondies au sommet, ponctuées, avec quelques points plus larges à la base, brillantes , d'un cuivré rougeâtre ; région de l'écusson verte , à partir du milieu de la base jusqu'au-delà du milieu de la suture : dessous bleu varié de violet.

Longueur, près de 5 lignes.

Cette espèce, quoique petite, est très-jolie ; elle a été rapportée d'Arkansa par M. Thomas Nuttall.

2. *C. Fulgida* Dessous d'un cuivré-rouge brillant ; élytres avec deux lunules et une bande intermédiaire réfléchie.

Du territoire du Missouri.

Corps d'un cuivré-rouge très-poli en dessus ; tête velue antérieurement, variée de vert et de bleu de chaque côté et antérieurement ; labre et base externe des mandibules , blancs ; antennes noires au sommet : corselet avec des lignes bleues enfoncées : élytres avec des points serrés, une lunule dilatée au bord de la base, une bande dilatée , réfléchie, au-delà du milieu, une lunule dilatée au sommet, blanches : dessous , vert, velu.

Longueur, 5 1/2 lignes.

Cette espèce, par l'apparence de ses lunules dilatées et de sa bande, ressemble beaucoup à la *C. Formosa*, mais elle est bien plus petite, beaucoup plus lisse, et non bordée de blanc. Elle habite près des montagnes, sur les rivières Nebreska (Platte) et Arkansa.

3. *C. Limbata*. Elytres blanches, avec la suture, une ligne oblique et des taches, vertes ; le bord externe et de la base, bleuâtre.

Corps vert, varié de bleu et de pourpre, avec des poils cendrés ; antennes noires à l'extrémité ; labre, base externe et supérieure des mandibules, blancs : corselet velu de chaque côté, avec des lignes échancrées violettes : élytres blanches, avec une bande suturale verte rétrécie postérieurement, une ligne irrégulière oblique au-delà du milieu, et une petite tache triangulaire avant le milieu, vertes ; bords externe et de la base, d'un vert bleuâtre violacé : dessous velu ; ventre pourpré.

Longueur, 5 1/2 lignes.

Cette espèce, à la première vue, ressemble à la *C. Dorsalis* ; mais elle est très-distincte par ses impressions et par la forme de son corselet. Elle a été trouvée sur les rivières Nebreska (Platte) et Arkansa.

4. *C. Pulchra*. Elytre d'un cuivré-rouge, très-lisse, bord externe pourpre avec deux taches blanches.

Du Missouri.

Corps verdâtre-purpurescent ; vertex avec une large tache cuivrée ; front très-velu ; antennes ayant le dernier article noir ; labre court, large, à peine plus long dans le milieu que de chaque côté, légèrement tridenté ; mandibules blanches, dents noires à l'extrémité et à la surface inférieure : corselet, le disque a une large tache double d'un cuivré-pourpré : élytres d'un cuivré-pourpré très-brillant ; bord externe bleu-pourpré avec une tache blanche humérale et une tache blanche angulaire près du milieu ; points nombreux, plus grands et plus profonds vers la base, obsolètes au sommet : poitrine velue de chaque côté ; arrière-poitrine et pattes velues.

Var. A. Tache de l'épaule, nulle.

Longueur, 8 lignes.

Cet insecte est très-beau et très-grand. Il se trouve dans le pays arrosé par les rivières Platte et Arkansa, près des montagnes.

5. *C. Obsoleta.* Noire ; labre et point sur les élytres, blancs ; ventre noir-pourpré.

Du Missouri.

Corps noir foncé, opaque ; joues teintées de pourpré, lisses ; antennes, les quatre articles de la base d'un noir-pourpré ; labre et base externe des mandibules, blancs : corselet avec deux lignes dentelées, transversales, réunies par une ligne longitudinale ; bord latéral avec des poils cendrés : élytres avec des points petits, profonds vers la base, elles ne sont pas ponctuées vers le sommet ; une ligne courte, transversale, blanche, sur le milieu du bord, et une tache obsolète, jaunâtre obscure, au sommet : ventre teinté de pourpré.

Longueur, 9 lignes.

Var. A. Noire, immaculée.

J'ai rencontré assez communément cette grande et belle espèce sur le rivage de l'Arkansa, près des montagnes. Elle semble se rapporter à la *C. Tristis*, Fabr. Les élytres présentent un aspect soyeux dans un certain jour.

BRACHINUS. *Weber, Latr*.

1. *B. Cyanipennis*. Testacé ; élytres d'un bleu noirâtre ; ventre d'un brun rougeâtre foncé.

Longueur, 4 lignes.

Corps testacé pâle , avec de nombreux poils fins qui sont jaunâtres sur les élytres ; tête , avec une ligne sur le front de chaque côté, enfoncée , légèrement irrégulière ; antennes brunes au sommet : corselet avec une ligne longitudinale enfoncée, allant de la tête à l'écusson : élytres d'un bleu-noir, avec des sillons très-obtus, à peine enfoncés : ventre testacé ou couleur de poix noirâtre.

Cette espèce a été trouvée par M. Nuttall dans le Missouri, et j'en ai , depuis , observé un grand nombre près du Cantonnement des Ingénieurs, pendant l'hiver, dans une carrière d'où l'on avait tiré la pierre pour faire le camp du Missouri. Ils passaient l'hiver dans les fentes des rochers.

Il diffère du *B. Fumans* , en ce qu'il est beaucoup plus petit , et à cet égard il se rapproche davantage du *B. Crepitans* d'Europe. La plus grande largeur du corselet est beaucoup plus considérable en proportion du plus petit diamètre que celle du *Fumans* , et par conséquent le corselet paraît proportionnellement plus large antérieurement. La couleur de la tête et du corselet est aussi différente , et les élytres sont beaucoup plus légèrement sillonnées. Il possède cette singulière faculté de crépitation qui lui est commune avec ses congenères.

FERONIA. *Latr*.

1. *F. Superciliosa*. Aptère ; noir, non ponctué ; élytres teintées de pourpré ; lignes de la base du corselet dilatées.

Longueur, 7 lignes.

Corps noir, non ponctué, glabre; antennes dépassant la base du corselet, avec des poils brunâtres vers le sommet; sillon frontal très-dilaté; labre et palpes couleur de poix; le premier émarginé : corselet large antérieurement, très-rétréci postérieurement; ligne dorsale distincte, lignes de la base dilatées; une ligne transversale antérieure, très-distincte; bord latéral rectiligne, à partir presque du milieu jusqu'aux angles postérieurs; angles postérieurs arrondis; base plus large que le pétiole : élytres teintées de pourpre; stries profondes, non ponctuées; lignes interstitiales convexes : dessous teinté de couleur de poix.

Cette espèce, qui semble appartenir au genre *Pterostichus* de Bonelli, est voisine de celle que j'ai décrite sous le nom de *Stygicus;* mais le corselet est différemment formé, étant beaucoup plus large antérieurement, les antennes sont plus longues, les sillons du front plus dilatés et les élytres d'une couleur différente et aussi plus obtuses.

2. *F. Heros.* Aptère, noir; mandibules striées; corselet contracté brusquement à la base; angles postérieurs aigus; stries des élytres légèrement enfoncées, ponctuées.

Longueur, un peu plus de 10 lignes.

Corps noir et glabre; mandibules très-profondément striées : corselet large, convexe, assez brusquement contracté au bord de la base; lignes dorsale, antérieure et basale, distinctes, bord de la base déprimé, rugueux près des angles; une ligne élevée sur le bord de la base près du bord latéral auquel elle est parallèle; angles de la base droits : élytres très-légèrement striées; stries aiguës, ponctuées, avec les points obsolètes vers le sommet; lignes interstitiales plates : dessous noir.

Cet insecte a été rapporté de l'Arkansa par M. Thomas

Nuttall. C'est la plus grande de toutes les espèces de ce genre trouvées dans ce pays-ci ; elle pourrait bien se rapporter au genre *Pterostichus* de Bonelli.

3. *F. Maculifrons*. Noir ; corselet plus étroit que les élytres ; vertex avec deux taches obsolètes couleur de poix ; élytres avec des stries aiguës, non ponctuées.

Longueur, près de 5 lignes.

Corps noir, glabre ; vertex avec deux taches obsolètes, couleur de poix, placées près des yeux et très-distinctes dans un certain sens de lumière ; antennes couleur de poix, les articles plus pâles à leur base et avec des poils d'un brunâtre clair vers le sommet ; palpes, sommet des mandibules et du labre, couleur de poix, les premiers pointillés de jaunâtre pâle : corselet plus étroit que les élytres, longitudinalement sub-orbiculaire ; bord latéral un peu recourbé, particulièrement aux angles de derrière qui ne sont pas rentrants, mais arrondis obtusément ; ligne dorsale et ligne antérieure transversale enfoncées ; lignes de la base presque obsolètes dans la concavité de la base latérale qui n'est pas rugueuse : élytres avec un reflet très-légèrement cuivreux ; stries aiguës, non ponctuées, lignes interstitiales plates : tout le dessous couleur de poix.

Cet insecte a été trouvé sur le territoire d'Arkansa par M. Thomas Nuttall. Il est voisin de l'espèce que j'ai nommée *Placida*, qu'il est impossible, à la première vue, de l'en distinguer ; cependant, en le comparant avec cette espèce, on verra qu'il en est distinct par les taches sur le vertex, la forme un peu différente du corselet, et par le poli parfait des cavités des angles latéraux qui ne présentent pas la moindre apparence de rugosité.

4. *F. Scutellaris.* Noire; angles postérieurs du corselet arrondis; région de l'écusson très-enfoncée.

Longueur, 4 1/2 lignes.

Corps déprimé, noir, immaculé; antennes noires : corselet avec un rebord étroit; ligne dorsale distincte; lignes de la base dilatées de manière à ressembler à de larges taches enfoncées; bord latéral régulièrement arqué, non recourbé en dehors postérieurement; angles de la base arrondis : élytres avec les stries ponctuées, obsolètes, les lignes interstitiales un peu convexes; région de l'écusson très-enfoncée; épaules gibbeuses : hanches et tarses couleur de poix.

5. *F. Errans.* D'un vert poli, dessous noir; pattes, base des antennes et des palpes, rousses.

Corps d'un vert poli en dessus; labre pourpre-rougeâtre foncé; antennes brunes, premier article roux; palpes bruns : corselet sensiblement plus large que long; ligne dorsale distincte; lignes de la base très-dilatées et avec quelques points; bord étroit, réfléchi; bord latéral non recourbé en dehors postérieurement; angles postérieurs arrondis; base beaucoup plus large que le pétiole : élytres avec un reflet rougeâtre très-léger; stries très-étroites, non ponctuées; lignes interstitiales plates : dessous noir; pattes rousses.

Cette espèce ressemble à la *F. Nutans,* Say; mais elle s'en distingue par son corselet plus court, rebordé et plus large à la base.

6. *F. Constricta.* Aptère, noire; corselet très-contracté postérieurement; élytres avec des stries ponctuées.

Longueur, 5 1/2 lignes.

Corps aptère, noir ; antennes brunes, couleur de poix à la base ; labre et palpes couleur de poix ; mandibules striées obliquement : corselet convexe, plus large que long, assez brusquement contracté au bord postérieur qui est déprimé ; lignes dorsale, basales et antérieures, distinctes, non ponctuées, la première atteignant la base ; lignes de la base doubles ; bord latéral très-arrondi, brusquement recourbé en dehors postérieurement ; angles de la base droits, aigus ; base beaucoup plus étroite que les élytres : élytres avec des stries ponctuées, et des points petits ; lignes interstitiales légèrement convexes : dessous noir de poix ou noirâtre.

La forme du corps et la courbure du corselet sont très-semblables à celles de la *F. Unicolor,* Say ; cependant cet insecte est beaucoup plus petit ; la base du corselet est déprimée et les angles postérieurs sont aigus, les stries des élytres sont plus profondément enfoncées que dans ce dernier. Il a été trouvé sur la rivière Arkansa, près des montagnes Rocheuses. Il appartient au genre *Pterostichus* de Bonelli.

ZABRUS. *Clairv.*

1. *Z. Avidus.* Noir, pattes rousses ; base du corselet et stries des élytres, ponctuées.

Longueur, 4 lignes.

Corps d'un noir foncé ; labre couleur de poix foncée ; antennes et palpes, roux : corselet court et large, avec quelques points antérieurement, et d'autres points nombreux sur le bord postérieur qui est déprimé ; ligne dorsale très-distincte : élytres ponctuées ; lignes interstitiales déprimées, un peu convexes : dessous noir ; ventre couleur de poix foncée au sommet ; pattes rousses.

CALOSOMA. *Linn.*, *Latr.*

1. *C. Obsoleta.* Noir-brunâtre ; élytres réticulées, avec trois séries de taches bleuâtres enfoncées.

D'Arkansa.

Corps d'un noir brunâtre ; mandibules rugueuses et convexes sur la surface supérieure : corselet obtusément et finement rugueux, non ponctué ; région des angles postérieurs échancrée ; une ligne dorsale enfoncée, courte ; angles postérieurs arrondis, prolongés en arrière un peu au-delà de la ligne de la base : élytres réticulées ; lignes longitudinales légèrement enfoncées, pas plus dilatées que les transversales qui sont presque tout-à-fait continues, leurs points d'intersection marqués par un point ; trois rangées de taches bleuâtres obscures ou violacées sur chaque élytre ; bord latéral d'un pourpré très-obscur, vu dans un certain sens.

Longueur, 8 lignes.

Il a été trouvé près des montagnes Rocheuses.

2. *C. Luxata.* Noir-brunâtre ; élytres réticulées ; tête et corselet finement ponctués.

D'Arkansa.

Mandibules aplaties en dessus, rugueuses, avec des lignes obliques ; tête ponctuée ; second article des antennes moitié aussi long que le troisième : corselet finement ponctué ; points plus larges et confluents sur le bord latéral ; angles postérieurs arrondis, prolongés en arrière un peu au-delà de la ligne de la base ; une ligne longitudinale enfoncée : élytres sub-orbiculaires, réticulées ; lignes longitudinales pas plus dilatées ou profondément enfoncées que les lignes transversales qui ne sont pas continues, les points d'intersection non marqués par un point ; les trois stries ponctuées sont obsolètes ; on peut à peine les voir dans un certain jour et elles ne sont pas différemment colorées.

Longueur, 7 lignes.

Cet insecte a le corselet court et transversal des *Calosoma;* mais les proportions que les articles des antennes ont par rapport l'un à l'autre sont les mêmes que celles de plusieurs carabes ; les lignes transversales sont interrompues irrégulièrement par les longitudinales.

CARABUS. Lin. , Latr.

1. *C. Externus.* Ailé, noir, bordé de pourpré ; élytres avec trois rangées de points obsolètes.

Longueur, 13 lignes.

Corps allongé, d'un noir foncé ; antennes brunes au sommet : corselet ponctué, bordé de pourpre-bleuâtre ; bord latéral régulièrement courbé vers la base ; lignes dorsale et de la base, distinctes ; angles de la base obtusément arrondis : élytres striées ; stries très-enfoncées, beaucoup plus étroites que les lignes interstitiales et avec des points bien visibles ; lignes interstitiales convexes, égales, les 4ᵉ, 8ᵉ et 12ᵉ ayant chacune une rangée de points petits, obsolètes, qui ne les interrompent pas ; bord externe d'un pourpré bleuâtre.

Grande espèce rapportée d'Arkansa par M. Thomas Nuttall. Cet insecte ressemble un peu au *C. Silvosus,* mais il est plus grand, les stries des élytres sont bien plus régulières et ne présentent pas cet aspect granulé de celles de ce dernier ; la courbure du bord externe du corselet est régulière ou ne tend pas à se courber extérieurement près de la base.

BEMBIDIUM. Latr.

1. *B. Coxendix.* Cuivré-verdâtre, dessous vert ; tibias et trochanters antérieurs, testacés ; corselet ayant à la base de chaque côté une ligne oblique.

Longueur, près de 3 lignes.

Corps cuivré-verdâtre, lisse ; labre vert ; antennes d'un vert terne, couvertes de poils d'un brunâtre clair ; premier article testacé antérieurement et verdâtre postérieurement ; palpes verdâtres, velus, testacés sur la base inférieure : corselet ayant le bord externe vert, courbé extérieurement à la base ; ligne dorsale légèrement enfoncée, étroite ; ligne transversale de la base très-distincte ; bord de la base un peu rugueux, particulièrement vers les angles ; angles aigus : élytres ayant le bord vert ; stries avec des points assez grands : dessous vert foncé : hanches, tibias, et dessous des genoux, testacés.

Var. A. Pattes entièrement d'un roux pâle.

2. *B. Inæqualis.* Bronzé ; surface des élytres inégale, deux taches enfoncées sur chaque élytre.

Longueur, 2 3/4 lignes.

Corps bronzé en dessus ; dessous vert-noirâtre ; base des antennes et des palpes d'un roux pâle : corselet, ligne dorsale enfoncée ; lignes antérieure et postérieure très-distinctes : élytres ayant la surface inégale, deux taches enfoncées, dilatées, très-marquées, sur la troisième ligne interstitiale ; stries largement et profondément ponctuées, la quatrième strie ondulée : pattes d'un vert noirâtre, rousses à la base.

Cette espèce est bien distincte ; elle a été trouvée près du cantonnement des Ingénieurs.

OMOPHRON. Latr.

1. *O. Tessellatus.* Pâle, varié de vert ; élytres un peu marquetées de vert.

Du Missouri.

Corps d'un roux pâle, ponctué ; tête verte postérieurement, ayant entre les yeux une ligne longitudinale et une ligne oblique dilatée qui s'unissent en forme de W ; labre blanc : corselet avec le disque vert et une ligne longitudinale enfoncée : élytres avec les stries ponctuées, vertes ; le bord, deux bandes ondulées et le sommet, d'un roux plus foncé : pattes blanchâtres.

Longueur, 3 lignes.

J'ai observé cette espèce en abordant dans Elk-Horn Creek (la petite baie d'Elk-Horn). Les élytres paraissent marquetées en raison des ondulations des bandes qui sont presque carrées, particulièrement les deux plus rapprochées du disque.

COLYMBETES. *Clairv*.

1. *C. Venustus*. Jaune-rougeâtre ; corselet noir au sommet et à la base ; élytres d'un olivâtre obscur avec le bord externe pâle, la base interrompue, et la ligne subsuturale courte.

Corps d'un jaune-rougeâtre ; vertex obscur : corselet, le bord antérieur paraît noir de chaque côté ainsi que le bord postérieur jusqu'au milieu de la base de chaque élytre : élytres d'un olivâtre obscur ou noirâtres ; bord externe jaunâtre, atténué vers l'épaule ; une bordure externe blanchâtre composée de trois lignes rapprochées, un peu obliques, dont l'interne est raccourcie avant le milieu ; une ligne blanche sub-triangulaire, dilatée, allant de l'épaule au milieu de la base, où elle se termine brusquement ; une ligne blanche subsuturale partant presque de la base et se terminant avant le milieu ; disque avec deux lignes obsolètes, interrompues : ventre obscur de chaque côté.

Longueur, près de 4 lignes.

Il en a été trouvé plusieurs exemplaires dans un étang près Bowyer Creek, Missouri. Il habite aussi les États

Atlantiques. Je crois qu'il peut bien être le *Dytiscus inter-rogatus* de Fabricius.

HYDROPORUS. *Clairv.*

1. *H. Parallelus*. Noir; élytres rayées de jaunâtre.

Du Missouri.

Corps noir; tête antérieurement, et une petite tache ob-solète sur le vertex, rousses; antennes pâles à la base, obs-cures au sommet; palpes pâles, le sommet noir : corselet varié de jaune-rougeâtre : élytres avec plusieurs lignes longitudinales d'un jaune-rougeâtre; les lignes intérieures et extérieures interrompues : pattes d'un testacé pâle.

Longueur, 2 1/4 lignes.

Cette espèce, comme beaucoup d'autres de ce genre, varie dans le nombre de lignes visibles des élytres, dans leur plus ou moins d'interruption; mais les lignes raccour-cies par lesquelles elles sont quelquefois interrompues, ne forment point de bandes et une ligne au moins est continue jusque vers le sommet; ce caractère distingue cette espèce de toutes les autres.

2. *H. Undulatus*. Roux testacé; élytres d'un olivâtre-noirâtre, tachetées de testacé.

Du Haut-Missouri.
Dytiscus Undulatus. Catal de Melsh.

Corps d'un roux-testacé : corselet, bord antérieur noir sur le milieu, bord postérieur noir dans le milieu jusqu'en face du milieu de la base de chaque élytre : élytres noi-râtres, une tache marginale irrégulière s'étend de l'épaule jusqu'à un tiers environ de la longueur de l'élytre, et communique à son milieu qui est dilaté avec une bande composée de deux ou trois lignes longitudinales, courtes, dont l'interne est subsuturale ; une bande marginale, enfoncée, plus petite, irrégulière, au-delà du milieu, et une tache irrégulière au sommet.

Longueur, près de 2 lignes.

Il a été trouvé dans un étang près de Bowyer-Creek, Haut-Missouri. Il n'est pas rare en Pensylvanie.

PÆDERUS, *Fabr.*

1. *P. Binotatus.* Jaune-rougeâtre ; tête, une portion de chaque élytre et anus, noirs ; pattes pâles.

Corps d'un rouge-jaunâtre pâle, avec des poils nombreux très-courts, ponctué ; tête noire, plus large que le corselet ; antennes et organes de la bouche, pâles : corselet longitudinalement subové ; points serrés : élytres ayant chacune une large tache noire sur le côté externe vers le sommet : abdomen avec le dernier segment et l'anus noirs ; pattes blanchâtres.

Longueur, 1 3/4 lignes.

Il a été trouvé près la rivière du Missouri, au-dessus de son confluent avec la Platte. Il habite aussi les États de l'Est.

OXYTELUS. *Gravenh.*

1. *O. Pallipennis.* Testacé ; tête noire, sommet du chaperon élevé et bidenté ; corselet plus large que long, avec une ligne enfoncée.

Corps testacé pâle, ponctué, avec des poils très-courts ; tête noire, points épars antérieurement ; yeux noirs, avec un reflet doré ; chaperon au milieu du sommet, élevé, proéminent et bidenté ; antennes et carène à la base, d'un roux pâle ; mandibules avancées, couleur de poix, bifides jusqu'au milieu ; segment supérieur ou dent un peu plus courte que l'autre ; palpes pâles : corselet plus large que long, brun-rougeâtre, avec une ligne dorsale enfoncée : élytres obscures au sommet et sur le bord sutural : pattes blanchâtres.

Longueur, 4 lignes.

Sur les bords du Missouri, au-dessous de son confluent avec la rivière Platte.

2. *O. Armatus*. Brun-rougeâtre pâle ; tête noire, le sommet de la carène à la base des antennes couleur de poix.

Femelle. Corps brun-rougeâtre clair, ponctué, un peu velu ; tête noire, points obsolètes ; une carène verticale, courte, au-dessus de la portion antérieure de l'œil, se terminant brusquement à l'origine des antennes, et de couleur de poix au sommet ; angles antérieurs du chaperon réfléchi ; antennes et palpes d'un roux pâle ; mandibules de couleur de poix : corselet à peu près aussi long que large, avec une ligne longitudinale enfoncée, et des points épars ; noirâtre : élytres avec des points distincts, nombreux ; bord sutural noirâtre : cuisses testacées.

Longueur, 2 1/3 à 2 3/4 lignes.

Mâle. Un peu plus pâle que la femelle ; un tubercule entre les yeux ; corselet avec une ligne dorsale longitudinale enfoncée ; tergum plus foncé au sommet.

Longueur, 2 1/3 lignes.

3. *O. Melanocephalus*. Testacé pâle ; tête et arrière-poitrine noires ; suture obscure.

Corps testacé pâle, ou blanchâtre ; tête d'un noir foncé ; antennes et bouche d'un testacé pâle ; mandibules inermes : élytres avec la suture noirâtre : arrière-poitrine noire.

Longueur, un peu plus d'une ligne.

Var. A. Abdomen brun-rougeâtre.

Sur les bords du Missouri, au-dessus du confluent de la rivière Platte.

4. *O. Fasciatus.* Noirâtre; élytres d'un jaunâtre pâle; abdomen jaune-rougeâtre, avec des bandes obscures, obsolètes.

Du Missouri.

Corps noirâtre, ponctué, velu; tête noire, non ponctuée, couverte de granulations très-fines; antennes et bouche testacées; mandibules couleur de poix: corselet noir de poix, avec des points distincts, assez larges; bord postérieur arrondi sans angles, et distinct des élytres: élytres d'un jaunâtre pâle, obscures à la base interne et à la suture; points distincts, assez grands, nombreux; sommet obtusément arrondi: dessous brun-rougeâtre; pattes un peu plus pâles; tergum rougeâtre, avec une bande obscure sur chaque segment, plus distincte au sommet; ventre avec une ligne sur le milieu de chaque segment, transversale, obsolète.

Longueur, plus de 1 1/2 ligne.

Trouvé près du cantonnement des Ingénieurs.

ALEOCHARA. Gravenh.

1. *A. Bimaculata.* Noir; élytres ayant chacune une bande suturale, jaunâtre, obsolète postérieurement.

A. Bimaculata. Knoch, Catal de Melsh.

Corps noir, légèrement ponctué, velu; front creusé de chaque côté à partir de l'insertion des antennes jusqu'à la bouche; palpes pâles, les maxillaires obscurs en dessus: corselet avec les côtés et les angles régulièrement arrondis, légèrement velu, ayant postérieurement deux lignes ponctuées, longitudinales, dilatées, à peine enfoncées; écusson transversalement triangulaire: élytres ne couvrant pas la moitié du tergum, poils couchés, très-nombreux ; au sommet de chacune, une large tache subsuturale jaunâtre, obsolète : pattes couleur de poix foncée vers les sommets.

Longueur, 2 1/4 lignes.

Trouvé au-dessus du fort Osage.

TACHINUS. *Gravenh.*

1. *T. Atricaudatus.* Roux, non ponctué ; tête, milieu des antennes et arrière-poitrine, noirs ; extrémité des élytres et de l'abdomen, d'un bleu foncé.

Corps d'un roux-jaunâtre, non ponctué, avec quelques poils, lisse ; tête noire ; labre et bouche testacés ; antennes testacées, noires du cinquième au dixième article inclusivement : corselet avec quelques poils peu distincts : élytres ayant chacune une large tache d'un bleu foncé, qui va en se courbant depuis l'épaule jusque derrière le milieu du bord sutural ; une rangée subsuturale de points distants et une rangée en dehors du milieu : arrière-poitrine noire avec des points noirs, larges, légèrement enfoncés ; pattes d'un testacé pâle ; abdomen avec quelques poils, et d'autres poils distants, plus larges, noirs, sur les bords postérieurs des segments ; segments terminal et de l'anus d'un bleu foncé.

Longueur, 2 1/4 lignes.

Trouvé sur la rivière Konza.

ANTHOPHAGUS. *Gravenh.*

1. *A. Brunneus.* Brun-rougeâtre ; pattes et abdomen plus pâles ; corselet avec une ligne enfoncée et une tache à la base.

Corps d'un brun-rougeâtre, ponctué, avec des poils courts, nombreux ; tête inégale, échancrée entre les yeux et entre les antennes; antennes, palpes et pattes, testacés; mandibules couleur de poix : corselet à points serrés, sub-globuleux; angles postérieurs droits; ligne dorsale enfoncée, terminée sur le bord postérieur par une tache enfoncée : élytres à points serrés, angles postérieurs arrondis, sommet sutural aigu : abdomen brun-rougeâtre pâle, segments bordés d'obscur tout autour, avec une tache obscure près de l'extrémité du tergum.

Longueur, 2 1/2 lignes.

Sur les bords du Missouri, au-dessus de son confluent avec la rivière Platte.

BUPRESTIS. Linn., Latr.

1. B. Confluenta. Vert, lisse, ponctué; élytres avec des taches jaunes confluentes.

Du Missouri.

Corps d'un vert brillant, ponctué; tête à points serrés et confluents; une ligne longitudinale, enfoncée, obsolète; antennes ayant le premier article roux, les derniers pourprés : corselet à points serrés et confluents, épars sur le milieu; écusson convexe, arrondi : élytres striées, teintées de violacé; stries et lignes interstitiales légèrement ponctuées; taches nombreuses, d'un jaune clair, transversalement confluentes; extrémité tronquée un peu obliquement, aiguë à la suture; bord non en scie : tarses d'un brun-pourpré.

Longueur, 8 lignes.

Var. A. Corselet et vertex pourprés.

Cette superbe espèce a été trouvée au fort Osage et m'a été communiquée par le lieutenant Scott, du régiment des tirailleurs. Je m'en suis ensuite procuré deux exemplaires pendant notre voyage vers les montagnes. Le corselet varie quelquefois jusqu'à une couleur bleue éclatante.

2. *B. **Lateralis***. Noir; tête et corselet d'un cuivreux terne,
la première canaliculée, le dernier avec une impression
dorsale postérieure et une autre latérale antérieure.

Du Missouri.

Corps allongé, noir, rugueux; tête d'un cuivré terne,
superficiellement ponctuée; une ligne profondément enfoncée, raccourcie antérieurement; antennes noirâtres:
corselet cuivreux terne, un peu rugueux; une impression
ronde près du milieu, une autre oblique, profonde,
oblongue, sur chaque côté, à la terminaison antérieure de
laquelle le bord du corselet est dilaté; bord de la base si-
nueux; écusson noir, subtriangulaire: élytres rugueuses,
entières, ayant une légère impression à la base: anus arrondi.

Longueur, 2 3/4 lignes.

Il se distingue par la dilatation du bord latéral du corselet.

3. *B. **Atropurpureus***. Noir, légèrement teinté de bronzé
ou pourpré; élytres en scie et mucronées.

D'Arkansa.

Corps ponctué; antennes noires; labre couleur de poix:
corselet avec des points élevés, obtus, et d'autres dilatés,
légèrement enfoncés, de chaque côté; une impression sur
le milieu du bord de la base: élytres rugueuses avec des
points fins, déprimés; bord latéral régulièrement en scie,
extrémité mucronée; dessous pourpré-noir.

Longueur, 3 1/4 lignes.

Il a été pris près des montagnes Rocheuses. La couleur
paraît noire au premier coup d'œil; mais en l'observant
attentivement on voit qu'elle est teintée de pourpré.

4. *B.* 6-*guttata*. D'un noir cuivré ; élytres ayant chacune trois impressions cuivreuses.

Des États-Unis.
Buprestis 4-maculata. Catal. de Melsh.

Corps noirâtre, avec une forte teinte cuivreuse ; tête ponctuée, avec un sillon profond de chaque côté pour recevoir les antennes ; sommet émarginé ; labre vert ; antennes d'un vert-cuivreux : corselet court, transversal, à points serrés, pas plus large postérieurement, avec les angles arrondis ; écusson triangulaire, vert : élytres ayant chacune trois ou quatre lignes longitudinales, élevées, et trois taches enfoncées d'un cuivreux-rougeâtre, placées, une à la base, une autre un peu avant le milieu, et la troisième après le milieu ; bord finement en scie.

Longueur, 4 lignes.

J'ai été obligé de donner un autre nom à cet insecte parce que celui donné par M. Melsheimer est déjà employé pour désigner une autre espèce. Je l'ai trouvé pendant notre expédition au Missouri. Il habite aussi les États Atlantiques.

5. *B. Gibbicollis*. Noir ; élytres, chacune avec deux larges taches jaunes.

D'Arkansa.

Corps noir, avec un léger reflet violet et des poils très-nombreux et très-courts, ponctué : corselet gibbeux, ayant en dessus de chaque côté un tubercule obsolète, très-obtus, couvert de poils très-serrés ; bord postérieur rectiligne, angles arrondis ; écusson orbiculaire : élytres ponctuées, dépourvues de stries ; bord postérieur finement en scie ; sommet entier ; une tache très-grande, allongée, s'étendant de la base au milieu, et une autre plus petite, orbiculaire, vers le sommet : ventre violacé.

Longueur, 3 1/4 lignes.

Je n'ai pu me procurer qu'un seul individu de ce charmant insecte. Serait-ce le *Volvulus,* Fabr.?

6. *B. Granulata*. Vert, granulé; élytres avec une ligne élevée, dentelées en scie à l'extrémité.

Du Missouri.

Corps cylindrique, vert-olive, granulé; tête ponctuée, avec un sinus profond de chaque côté pour recevoir les antennes; sommet arrondi; yeux blanchâtres, avec une pupille noire, oblongue: corselet avec une impression de chaque côté, oblique, et une longitudinale sur le dos; bord de la base sinué; écusson transversalement allongé, ayant postérieurement une ligne transversale enfoncée: élytres rugueuses ou granulées, sans stries ou points; une ligne longitudinale, élevée, et une large tache échancrée à la base: extrémité dentelée en scie.

Longueur, près de 5 lignes.

7. *B. Viridicornis*. Tête et corselet d'un rouge cuivré; antennes vertes; élytres obscures, entières.

Du Missouri.

Corps un peu déprimé; tête réticulée, d'un rouge cuivré; yeux assez larges; antennes vertes: corselet avec une impression transversale de chaque côté au-delà du milieu, cuivré rouge, réticulé; bord postérieur rectiligne; écusson triangulaire: élytres obscures ou un peu cuivrées, légèrement rugueuses, dépourvues de stries, arrondies au sommet, entières ou en scie obsolète: dessous cuivreux foncé, brillant; anus arrondi, entier.

Longueur, 2 1/2 lignes.

8. *B. Geminata*. Verdâtre, rugueux; corselet sub-inégal; élytres entières, avec une impression à la base.

Du Missouri.

Buprestis Viridis. Catal. de Melsh.

Corps verdâtre ou cuivré-terne, rugueux; tête à points serrés, avec une impression sur le vertex; antennes d'un vert noirâtre: corselet sub-inégal, avec une double impression, obsolète, placée longitudinalement sur le dos, et une autre tache oblique sur le côté; une ligne carénée à la base près des angles postérieurs qui sont aigus; bord postérieur sinué; surface avec des lignes nombreuses, un peu irrégulières, transversales, légèrement élevées, courtes, confluentes: élytres rugueuses, verdâtres, teintées de violet.

Longueur, 2 1/2 lignes.

Le *B. Viridis* de Melsheimer est le même que celui-ci ou une simple variété. J'ai dû changer le nom, le sien étant déjà employé.

9. *B. Divaricata*. Dessus cuivré-verdâtre, dessous cuivré; élytres atténuées et divergentes au sommet.

Des États-Unis.

Tête avec des points nombreux et confluents; mandibules noires; yeux d'un jaune-pâle ou brunâtres avec l'orbite noir, ovales: corselet à points confluents, sub-inégal, avec un enfoncement devant l'écusson; écusson orbiculaire, disque enfoncé: élytres striées, à points confluents, avec quelques lignes courtes, un peu élevées, noirâtres; rétrécies, allongées, et divergentes à l'extrémité; tronquées à leur terminaison, et sub-mucronées sur le côté interne: dessous, excepté le ventre, canaliculé.

Longueur, 8 lignes.

Il est remarquable par la divergence du sommet des élytres. Il ressemble beaucoup, par la forme générale, au *B. Lurida*, Fabr.

10. *B. Longipes*. Noir, immaculé, surface granulée; élytres se terminant brusquement en une pointe courte.

Des États-Unis.

Corps d'un noir foncé, immaculé : corselet avec une impression obsolète ; écusson petit, sub-angulaire : élytres finement granulées ; une ligne élevée , obtuse, obsolète, de l'épaule au sommet ; sommet brusquement terminé par une petite épine sur le centre : dessous lisse, légèrement teinté de violet ; tarses des pattes intermédiaires et postérieures allongés, aussi longs ou plus longs que les tibias ; le premier article égal aux trois suivants réunis , le quatrième bilobé, très-court.

Longueur , plus de 5 lignes.

Il a été trouvé en Pensylvanie et dans les États de l'Ouest.

11. *B. Cyanipes*. Élytres rétrécies au sommet, entières et divergentes ; écusson transversal.

Du Missouri.

Corps cuivreux foncé, teinté de verdâtre ; tête verte en avant des antennes ; antennes d'un vert foncé : corselet à points confluents : écusson large , angulaire de chaque côté postérieurement, et creusé dans le milieu : élytres avec des lignes irrégulières , élevées , courtes , plus foncées ; sommets très-légèrement recourbés , divergents , entiers ou légèrement tronqués : dessous cuivreux vif, non canaliculé ; anus profondément émarginé ; tarses bleus.

Longueur , 4 1/2 lignes.

Cet exemplaire a été rapporté du Missouri par M. Thomas Nuttall. Il ressemble au *Divaricata* par la manière dont les élytres sont terminées.

12. *B. Campestris*. Élytres en scie, quadrilinéées ; dessous canaliculé.

D'Arkansa.

Corps cuivreux ; tête avec de larges points confluents ; front avec des impressions ; antennes noires, les premiers et deuxième articles d'un cuivré verdâtre : corselet avec des points confluents, dilatés, creusés, canaliculé, à angles postérieurs aigus ; écusson très-petit, sub-orbiculaire, transversal, ayant une impression au milieu : élytres avec des lignes transversales, courtes, irrégulières, et quatre autres longitudinales, plus élevées ; bord externe en scie depuis le milieu jusqu'au sommet : dessous cuivreux, lisse ; tarses obscurs, bleuâtres.

Longueur, 9 lignes.

C'est une de nos plus grandes espèces ; elle a un grand espace enfoncé, obsolète, sur le disque des élytres un peu au-delà du milieu, et un autre encore moins marqué près de la base.

MELASIS. *Oliv.*

1. *M. Nigricornis.* Noir, cylindrique, ponctué ; corselet avec des impressions transversales et longitudinales.

Du Missouri.

Corps noir foncé, opaque, immaculé, rugueux ; tête avec une ligne longitudinale, enfoncée ; chaperon avec un sinus très-profond au-dessus de l'insertion des antennes, en avant desquelles il est triangulaire ; antennes ayant les premier et deuxième articles simples, les autres dilatés, cordiformes, le lobe interne plus proéminent, le dernier article simple, ovale, aigu ; palpes avec le dernier article ovale : corselet convexe, transversalement carré, non rétréci antérieurement ; une ligne longitudinale enfoncée, deux lignes à la base courtes, un peu obliques, et une autre, de chaque côté au milieu, transversale ; bord antérieur teinté de rougeâtre, obsolète ; un point enfoncé de chaque côté au milieu du bord postérieur : élytres striées, stries aiguës ; lignes interstitiales convexes, à points serrés : tibias couleur de poix ; tarses roux ; le pénultième article un peu dilaté, velu en dessous et s'étendant sous la base du dernier, mais non bilobé.

Longueur, 2 1/2 lignes.

Je n'ai trouvé qu'un exemplaire de cette espèce. Il paraît se rapprocher beaucoup de la description de l'*Elater lacunosus* de Fabricius ; mais il ne peut se rapporter à ce genre, attendu qu'il est dépourvu de l'épine pectorale et de la cavité pour la recevoir. La position de la tête par rapport au corselet est précisément comme dans les Buprestes.

2. *M. Ruficornis.* Noir ; antennes, pattes et base des élytres, rousses.

D'Arkansa.

Corps cylindrique, d'un noir-brunâtre foncé, avec des poils très-courts ; points très-serrés, paraissant granulés ; antennes fortes, sub-fusiformes ; articles cordiformes, roux ; elles sont insérées dans un sinus profond du chaperon qui est un peu dilaté antérieurement ; palpes jaunâtres : corselet avec une ligne longitudinale, enfoncée ; bords latéraux rectilignes depuis le milieu, et même avant, jusqu'au sommet des angles postérieurs ; écusson noir : élytres striées, ponctuées ; moitié de la base rousse : pattes rousses ; cuisses couleur de poix foncée ; tarses ayant le pénultième article un peu dilaté et s'étendant en dessous de la base du dernier, mais non bilobé.

Longueur, près de 3 lignes.

Cette espèce est très-distincte de la précédente. M. Nuttall en a rapporté deux exemplaires d'Arkansa.

ELATER. Lin.

1. *E. Areolatus.* Roux testacé ; tête, écusson et bande des élytres, noirs.

Du Mississipi.

Corps roux testacé, velu ; tête noire ; chaperon très-court, obtusément arrondi ; antennes plus longues que le corselet : corselet court, un peu transversal ; écusson noir : élytres striées, ponctuées ; région de l'écusson, et une bande dilatée sur le milieu, noires : pattes pâles.

Longueur, 2 1/4 lignes.

2. *E. Dorsalis.* Roux ; une ligne fusiforme sur le corselet, deux taches et une bande sur les élytres, noires.

Des États-Unis.

Corps roux, velu, ponctué ; tête d'un noir foncé ; chaperon proéminent, arrondi ; antennes d'un testacé pâle : corselet longitudinalement oblong ; une ligne dorsale noire, dilatée, fusiforme ; angles postérieurs proéminents ; écusson noir : élytres striées, ponctuées ; une tache oblongue avant le milieu sur chacune et une bande commune après le milieu, dilatée près de la suture, noires : pattes pâles.

Longueur, 2 1/2 lignes.

3. *E. Bellus.* Noir ; corselet avec une ligne rousse ; élytres rousses, variées de noir.

Des États-Unis.
Elater Bellus. Knoch, Catal. de Melsh.

Corps noir, velu, ponctué ; chaperon arrondi antérieurement ; antennes d'un testacé pâle : corselet avec une bande longitudinale et les angles postérieurs roux, caréné : élytres rousses, variées de lignes noires, courtes ; sommet noir, renfermant une tache rousse : pattes blanchâtres.

Longueur, 1 3/4 ligne.

Var. A. Angles antérieurs du corselet roux.

Cet insecte est commun dans les États Atlantiques et se trouve aussi à l'ouest des montagnes Alleghany.

4. *E. Recticollis*. Testacé pâle, velu ; tête noirâtre ; bord latéral du corselet rectiligne.

Du Missouri.

Corps testacé pâle, avec des poils courts, serrés ; tête noir de poix ; antennes pâles ; chaperon arrondi : corselet ayant le bord latéral rectiligne depuis les angles antérieurs jusqu'au sommet des angles postérieurs : élytres profondément striées, ponctuées : pattes blanchâtres.

Longueur, 2 1/2 lignes.

5. *E. Obesus*. Brun, poils jaunes ; corselet convexe ; corps court, un peu dilaté.

Du Missouri.

Corps brun-rougeâtre avec des poils jaunâtres et des points très-fins ; tête et corselet avec des poils jaunes, lisses, et des points nombreux extrêmement fins ; angles postérieurs proéminents, courbés extérieurement ; écusson arrondi, velu : élytres avec des poils épars et des stries ponctuées, obsolètes ; interstices légèrement convexes, avec des points fins : pattes rousses.

Longueur, près de 5 lignes.

6. *E. Erythropus*. Brun-rougeâtre ou noirâtre, ponctué, velu ; angles postérieurs du corselet carénés ; lignes interstitiales des élytres ponctuées.

Du Missouri ou de la Pensylvanie.
Elater erythropus. Catal. de Melsh.

Corps brun-rougeâtre ou noirâtre, ponctué, avec des poils jaunes, nombreux, courts, couchés ; tête ayant des points rapprochés, larges, profonds ; antennes rousses ; chaperon arrondi, entier : corselet avec de larges points confluents de chaque côté, des points petits, plus distants, sur le disque postérieur, beaucoup plus petits que ceux de la tête ; les angles postérieurs non courbés extérieurement, mais presque rectilignes avec la moitié postérieure du bord latéral du corselet, caréné en dessus ; bord postérieur légèrement bidenté dans le milieu ; écusson arrondi à la base : élytres avec des stries et des lignes interstitiales ponctuées.

Longueur, 3 1/2 lignes.

Cette espèce n'offre aucun caractère particulier remarquable.

7. *E. Convexa*. Corselet noir, velu ; bord postérieur du corselet avec une fissure de chaque côté, tridenté dans le milieu ; élytres d'un brun-rougeâtre ; pattes rousses.

Du Missouri.

Tête et corselet non visiblement ponctués, vus avec une loupe ordinaire, couverts de poils jaunes, serrés, couchés ; antennes rousses ; chaperon arrondi : corselet convexe ; angles postérieurs très-courts, carénés seulement sur le bord externe ; bord postérieur tridenté dans le milieu, avec une fissure sur chaque côté près de l'angle ; écusson velu, cordiforme, émarginé à la base : élytres d'un brun-rougeâtre, un peu velues, avec des stries ponctuées ; lignes interstitiales non ponctuées : dessous d'un brun-rougeâtre, couvert de poils couchés ; pattes d'un roux-jaunâtre.

Longueur, près de 3 1/2 lignes.

Var. A. Noir ; pattes d'un roux foncé.

Les lignes interstitiales des élytres sont totalement dépourvues de points, du moins on n'en voit aucun, même avec une loupe ordinaire ; le corselet est très-convexe, également non ponctué et marqué de quatre fissures sur le bord postérieur.

8. *E. Triangularis*. Chaperon avec un sinus profond de

chaque côté pour recevoir les antennes ; élytres non striées.

Du Missouri.

Corps noir, légèrement velu, finement ponctué ; tête avec des points fins, très-serrés ; un sinus très-profond de chaque côté au-dessus de l'insertion des antennes, en avant desquelles le chaperon est dilaté ; triangulaire et tronqué au sommet : antennes couleur de poix foncée, moitié aussi longues que le corps ; premier article cylindrique ; le second petit, couleur de poix ; le troisième aussi long que les quatrième et cinquième ensemble : corselet convexe, avec des points très-fins et nombreux ; bords latéraux rectilignes depuis les angles antérieurs jusqu'aux angles postérieurs ; élytres non distinctement striées, mais irrégulièrement ponctuées : pattes d'un roux-pâle.

Longueur, 2 lignes.

Ce petit insecte est remarquable par les sinus très-profonds que l'on voit au-dessus de l'insertion des antennes. Il varie en ayant les élytres striées et d'un roux terne à la base ; le troisième article des antennes aussi n'est pas si long que les deux suivants ensemble.

9. *E. Mancus.* Chaperon tronqué ; corps ponctué ; corselet avec une ligne enfoncée au-delà du milieu ; angles postérieurs légèrement courbés extérieurement.

Du Missouri.

Corps noir, ponctué, avec des poils courts ; tête à points larges, profonds, serrés ; chaperon élevé, émarginé de chaque côté près des antennes, et tronqué antérieurement ; antennes et palpes, roux : corselet avec une ligne enfoncée au-delà du milieu, des points nombreux, profonds, égaux à à ceux de la tête, mais pas si serrés ; angles postérieurs proéminents, très-légèrement courbés antérieurement, carénés en dessus; bord postérieur légèrement bidenté près du milieu; une ligne élevée, courte sur le bord postérieur près de la carène latérale; écusson entier à la base : élytres ayant les points des stries oblongs et rapprochés; lignes intersti-tiales avec des points fins qui fournissent des poils: pattes rousses.

Longueur, 4 lignes.

Var. A. Brun-rougeâtre; corselet ayant le bord antérieur plus pâle.

Cette espèce peu caractérisée est de la même taille que le *convexa* et le *mendica;* mais elle en diffère, en outre de quelques autres points, par la ligne latérale élevée sur le bord postérieur, et de la première par son corselet visiblement ponctué et moins convexe.

10. *E. Basilaris.* Noir foncé; chaperon émarginé; pre-mier et deuxième articles des antennes et pattes, pâles.

Du Missouri.

Corps noir foncé, velu, cylindrique, lisse, ponctué; tête sub-inégale; chaperon large et sub-émarginé au som-met; antennes ayant les premier et deuxième articles d'un roux pâle : corselet convexe, avec des points fins également répartis, à plus grande distance que la longueur de leur dia-mètre; bord latéral rectiligne depuis les angles antérieurs jusqu'au sommet des angles postérieurs qui sont couleur de poix et assez courts; écusson ovale : élytres striées, les stries ponctuées: pattes d'un roux pâle.

Longueur, 2 1/4 lignes.

11. *E. Auripilis.* Dessus avec des poils dorés, serrés; cha-peron émarginé; antennes noires.

D'Arkansa.

Tête couverte de poils dorés; chaperon émarginé; an-

tennes noires, article de la base roux : corselet convexe,
un peu plus étroit à la base, couvert de poils dorés, avec une
ligne dorsale enfoncée ; angles postérieurs très-courts,
non courbés extérieurement, mais suivant la courbure du
bord latéral : élytres couvertes de poils dorés moins épais,
excepté à la base ; stries ponctuées : dessous noir, couvert
de poils un peu argentés, très-courts, couchés ; pattes
d'un roux terne.

Longueur, près de 5 lignes.

Je n'en ai vu qu'un seul exemplaire qui a été rapporté
d'Arkansa par M. Thomas Nuttall. Les poils sont beaucoup
plus jaunes et moins serrés que dans l'*E. Pennatus*, Fab.

12. *E. Abbreviata.* Noir, velu, court ; corselet convexe,
avec une ligne longitudinale enfoncée ; chaperon arrondi.

Du Missouri.

Corps court, épais, ponctué, velu ; tête avec des points profonds mais non dilatés ; chaperon régulièrement arrondi au
sommet, et non émarginé de chaque côté ; antennes noires,
l'article de la base couleur de poix : corselet convexe ; une
ligne longitudinale enfoncée de la base au sommet ; points
nombreux, profonds, petits ; angles postérieurs légèrement courbés extérieurement, carénés ; bord postérieur
avec une légère carène près de l'angle postérieur : élytres
avec des stries profondes, non visiblement ponctuées ; lignes
interstitiales à peine ponctuées : pattes testacées.

Longueur, 2 3/4 lignes.

Espèce courte et dilatée ; la ligne enfoncée du corselet
s'étend sur toute la longueur de cette partie du corps ; les
antennes sont noires.

13. *E. Bisectus.* Testacé ; tête, ligne sur le corselet, et suture, noires.

Du Missouri.

Corps avec des poils serrés , ponctué, roux-testacé ; tête
noire ; chaperon proéminent, arrondi ; antennes pâles : corselet avec une ligne dorsale , noire, longitudinale ; angles
postérieurs proéminents, courbés extérieurement ; écusson
noir, convexe, arrondi : élytres avec des stries impression-
nées ; points arrondis ; suture avec une ligne noire , commune, n'atteignant pas le sommet, dilatée à l'écusson et à
son extrémité : arrière-poitrine et ventre, noirs ; pattes blanchâtres.

Longueur , 2 3/4 lignes.

14. *E. Corticinus*. Brun-rougeâtre, velu, ponctué ; chaperon proéminent, arrondi ; bord latéral du corselet rectiligne.

Des États-Unis.

Elater Corticinus. Knoch, Catal. de Melsh.

Corps brun-rougeâtre, velu, ponctué ; chaperon proéminent , arrondi ou très-obtusément sub-angulé antérieurement et de chaque côté ; antennes plus longues que le
corselet : corselet avec des poils de chaque côté au-delà
du milieu, couchés et tournés en dedans vers le milieu ;
bord latéral parfaitement rectiligne depuis le sommet antérieur jusqu'au sommet des angles postérieurs ; bord de
la base avec une impression obsolète : élytres striées, ponctuées : dessous couvert de poils courts, couchés ; pattes un
peu plus pâles.

Longueur, environ 7 lignes.

Cette espèce est remarquable par les bords latéraux de
son corselet qui sont parfaitement rectilignes , et par les
poils de la partie postérieure du corselet qui sont penchés
de chaque côté en dedans vers le milieu de la largeur.

15. *E. Semivittatus*. Noir de poix ; corselet obscurément

testacé de chaque côté ; élytres blanchâtres , avec la suture et une ligne courte , obscures.

Du Missouri.

Corps velu, ponctué, couleur de poix foncée ou d'un brunnoirâtre : corselet avec une ligne dorsale enfoncée ; bord latéral obscurément testacé jusqu'au-delà du milieu ; angles postérieurs courbés extérieurement : élytres blanchâtres , ayant la suture et une ligne à partir de l'épaule jusqu'au milieu du disque, d'un brun-rougeâtre obscur : dessous couleur de poix ; pattes plus pâles.

Longueur, 4 1/2 lignes.

Cette espèce, au premier coup d'œil, ressemble à l'*E. Nigricollis* du catalogue de Melsheimer ; mais elle peut en être distinguée facilement par le corselet bicolore et la ligne courte, et quelquefois interrompue , qui est sur les élytres.

16. *E. Lobatus.* Brunâtre pâle , couvert de poils courts ; pattes blanchâtres , article pénultième des tarses allongé sous le dernier.

Du Mississipi.

Corps brunâtre , couvert de poils couchés, serrés ; chaperon large, arrondi antérieurement ; antennes d'un roux pâle : corselet très-finement ponctué ; angles postérieurs proéminents , aigus, sub-carénés en dessus ; écusson convexe : élytres avec des stries profondes, ponctuées, les points oblongs, rapprochés : pattes pâles , d'un blanc-jaunâtre ; l'article pénultième des tarses allongé et étendu sous le dernier, très-obtusément arrondi au sommet.

Longueur , plus de 6 lignes.

Cette espèce est assez remarquable par la singulière dilatation de l'article pénultième des tarses. Elle habite la Pensylvanie ainsi que les États de l'Ouest.

17. *E. Nigricollis*. Noir ; élytres blanchâtres.

E. Nigricollis. Catal. de Melsh.
Des États-Unis.
Tête et corselet noirs, ponctués, un peu velus ; angles
postérieurs carénés en dessus ; écusson noir : élytres blan-
châtres ou d'un testacé pâle, stries ponctuées : pattes
rousses.
Longueur, 4 3/4 à 5 1/4 lignes.
Var. A. Suture et sommet des élytres, noirs.
J'en ai trouvé des exemplaires dans le Missouri.

18. *E. Cylindriformis*. Un peu métallique ; antennes
comprimées ; corselet avec une ligne enfoncée.

Des États-Unis.
E. Cylindriformis. Knoch, Catal. de Melsh.
Corps sub-cylindrique, légèrement métallique, velu,
ponctué ; tête à points confluents, ayant un rebord proéminent au-dessus des antennes qui disparaît antérieurement,
d'un cuivré-noirâtre ; antennes rousses, comprimées, plus
longues que le corselet : corselet noirâtre, teinté de cuivré
ou de violet ; points profonds, également distribués ; une
impression longitudinale, obsolète, sur le bord antérieur ; angles postérieurs proéminents, courbés extérieurement, légèrement carénés : élytres avec des poils également
distribués ; d'un brun-rougeâtre obscur avec une légère
teinte cuivreuse et des stries ponctuées ; lignes interstitiales
avec des points fins d'où sortent des poils : dessous noir,
lisse ; pattes et bord caudal, roux.
Longueur, 5 lignes.
Cet insecte n'est pas rare ; il peut se distinguer de l'*E.
Metallicus* du catalogue de Melsheimer par sa forme qui
est beaucoup moins dilatée.

19. *E. Sanguinipennis.* Noir; élytres couleur de sang; tarses couleur de poix.

Des États-Unis
Elater Sanguineus. Catal. de Melsh.
Corps noir, poli, ponctué; antennes avec les deuxième et troisième articles d'un roux obscur : élytres couleur de sang, striées; lignes interstitiales ponctuées : tarses couleur de poix.
Longueur, 3 1/2 lignes.
Cette espèce se rapproche de l'*E. Sanguineus,* Lin. J'en ai trouvé un exemplaire dans l'État des Illinois; il se rencontre accidentellement en Pensylvanie.

20. *E. Rubricollis.* Noir; vertex et corselet roux; élytres striées.

Des États-Unis.
Elater Rubricollis. Catal. de Melsh.
Corps noir, ponctué; vertex roux obsolète; antennes avec le second article roux : corselet roux, bordé de noir; épines postérieures noires; une ligne dorsale longitudinale, légèrement enfoncée : élytres striées; lignes interstitiales convexes, ponctuées; arrière-poitrine ayant le disque roux obsolète : ventre avec une ligne de chaque côté, rousse, obsolète, interrompue.
Longueur, 6 lignes.
Il habite la Pensylvanie. Je l'ai trouvé aussi dans l'État des Illinois.

LYCUS. *Fabr.*

1. *L. Terminalis.* Noir; corselet jaune avec une ligne noire; élytres jaunes, sommet noir; ailes jaunâtres à la base externe.

Du Missouri et de l'Arkansa.

Corps noir ; antennes en scie en dessous : corselet caréné, noir ; bord latéral jaune ; angles postérieurs très-aigus ; écusson noir : élytres sillonnées ; sillons rugueux ; surface jaune ; sommet noir ; bord huméral proéminent, au dessus des épipleures : ailes noires, jaunâtres au bord externe de la base.

Longueur du mâle, 5 1/2 lignes ; de la femelle, 8 lignes.

Var. A. Corselet noir, immarginé.

Il est assez commun sur les plantes dans les prairies ; il a été trouvé près du village Konza. Il pourrait bien être le *Dimidiatus* de Fabr. ; mais il décrit son insecte comme ayant les antennes flabellées, tandis que celles du *Terminalis* sont seulement comprimées et en scie.

2. *L. Sanguinipennis.* Corselet noir, bord latéral jaunâtre ; élytres couleur de sang pâle, immaculées.

D'Arkansa.

Corps noir foncé : corselet non rétréci antérieurement ; bords latéraux jaunâtres ; angles postérieurs proéminents, aigus ; écusson noir : élytres d'un rouge pâle ; région de l'écusson obscure ; quelques lignes légèrement élevées entre lesquelles il y a des réticulations irrégulières : dessous noir.

Longueur, 5 1/4 lignes.

Il a été trouvé près des montagnes Rocheuses.

LAMPYRIS. *Lin.*

1. *L. Nigricans.* Noir-brunâtre ; corselet avec une tache rousse de chaque côté.

Des États-Unis.

Lampyris Nigricans. Knoch, Catal. de Melsh.

Mandibules couleur de poix ; antennes comprimées, très-légèrement en scie : corselet avec une tache rousse oblongue-ovale de chaque côté, qui n'atteint ni le bord antérieur ni celui de la base ; bord non interrompu ; disque noir : élytres finement rugueuses, avec environ deux lignes élevées, obsolètes : poitrine avec deux taches rousses correspondantes à celles du corselet.

Longueur, 2 1/2 lignes.

Var. A. Plus grand et d'un noir plus foncé.

Longueur, 3 1/2 lignes.

Il diffère du *Corrusca* en ce qu'il est beaucoup plus oblong, bien plus petit, et que les taches du corselet n'atteignent jamais le bord dans aucun endroit. La variété se trouve dans le Missouri.

CANTHARIS. *Lin., Fabr.*

1. *C. Modestus.* Noir ; front, pattes et bord du corselet, jaunâtres ; bord des élytres et suture, pâles ; second article des antennes aussi long que le troisième.

Du Missouri.

Corps noir ; face, premier article des antennes et base des palpes, jaunâtres ; chaperon obscur au sommet : corselet carré ; angles antérieurs arrondis ; bord postérieur et bord latéral dilatés, d'un roux-jaunâtre : élytres légèrement et obtusément rugueuses, un peu lisses ; bord et suture blanchâtres ; ailes noires : pattes et poitrine d'un roux-jaunâtre ; ventre ayant le bord postérieur des segments et le bord latéral jaunâtres ; ongles armés d'une dent robuste au-dessous du sommet.

Longueur, 4 1/4 lignes.

Nous avons plusieurs espèces de ce genre qui ont, ainsi que l'individu ci-dessus décrit, une forte dent, très-distincte, au-dessous des ongles des tarses. Ce caractère servira de base à une division très-convenable dans ce genre.

2. *C. Angulatus*. Noir ; corselet roux sur le bord latéral.

Des États-Unis.

Corps noir, non visiblement ponctué ; antennes avec le second article aussi long que le troisième : corselet ayant les angles antérieurs et postérieurs également arrondis ; bord latéral d'un roux terne : élytres obtusément rugueuses ou avec des points dilatés, confluents, légèrement enfoncés : ongles avec une forte dent ou un angle en dessous.

Longueur, 2 3/4 lignes.

Var. A. Base des antennes, bouche et tibia d'un roux sale.

Il diffère du *C. Diadema*, Fabr., que je crois être le *C. Angusticollis*, Helw., Catal. de Melsh., en ce qu'il est plus petit et par les proportions des second et troisième articles des antennes, etc.

3. *C. Basilaris*. Noirâtre ; corselet roux avec une tache noire ; élytres avec le bord, le sommet et la suture jaunâtres.

Des États-Unis.
Cantharis Pennsylvanica. Knoch, Catal. de Melsh.

Tête noire, à points confluents ; il y a une tache pâle au devant des antennes ; antennes avec les articles pâles à leurs bases : corselet court, transversal, roux ; une large tache noire sur le milieu, qui atteint souvent les bords antérieur et postérieur ; bord antérieur rectiligne, non arqué : élytres à points fins et confluents ; bord externe, suture et sommet, jaunes : dessous noir-brunâtre ; poitrine et cuisses pâles ; arrière-poitrine et ventre généralement avec les segments bordés de pâle.

Longueur, 5 à 6 lignes.

C'est une de nos plus grandes espèces. Comme cet insecte est très-différent du *Pennsylvanicus* de Degéer, je prends la liberté de changer le nom donné par le professeur Knoch.

4. *C. Fraxini.* Entièrement noir-brunâtre, immaculé.

Des États-Unis.
Necydalis Fraxini. Catal. de Melsh.
Corps noir : tête ayant une tache avant les yeux et les mandibules jaunâtres; palpes couleur de poix : corselet légèrement anguleux à la base : élytres légèrement rugueuses ou avec des points légèrement enfoncés, dilatés, confluents, formant des lignes transversales irrégulières : pattes d'un brun-noirâtre.
Longueur, 2 3/4 lignes.

5. *C. Rufipes.* Noir; corselet bordé de roux; élytres avec les bords et la suture pâles.

Des États-Unis.
Cantharis Rufipes. Catal. de Melsh.
Corps noir : tête ayant une tache avant les yeux et les mandibules jaunâtres : palpes couleur de poix pâle : corselet avec le bord latéral roux, très-dilaté : élytres ayant le bord externe, le sommet et la suture, d'un jaunâtre-pâle : pattes d'un jaunâtre-pâle ; cuisses noires dans le milieu.
Longueur, 2 3/4 lignes.
Var. A. Bord externe des élytres seulement jaunâtre.

6. *C. Bilineatus.* Roux ; élytres noires ; corselet avec deux lignes noires.

Des États-Unis.
Cantharis Marginalis. Knoch. , Catal. de Melsh.
Corps d'un roux-pâle : une bande entre les yeux, antennes, excepté l'article radical, et palpes, noirs : corselet avec deux lignes parallèles courtes, dilatées, noires : élytres noires; bord externe de la base pâle : arrière-poi-

trine noire au-delà des pattes intermédiaires ; tibias et tarses noirs.

Longueur, 4 lignes.

Je change le nom de Knoch, attendu qu'il a déjà été employé pour désigner une autre espèce.

MALACHIUS. *Latr.*

1. *M. Tricolor.* Tête, arrière-poitrine et pattes, noires ; labre et corselet roux ; abdomen roux-testacé.

Des États-Unis.

Tête noire : labre, bord antérieur du chaperon et base des palpes, d'un roux pâle ; antennes d'un roux pâle, obscures au sommet : corselet transversal, assez court, roux, immaculé : élytres d'un vert-bleuâtre foncé ou un peu violacé ; milieu du bord latéral couleur de poix obsolète : arrière-poitrine et pattes d'un noir foncé ; ventre testacé.

Longueur, 2 1/2 lignes.

Il a été pris sur le Mississipi. Il est aussi grand que le *M. 4-maculatus,* Fabr., et ressemble un peu au *M. Thoracicus,* Fabr. ; mais il est plus grand. J'en ai aussi trouvé des exemplaires près des montagnes Rocheuses.

2. *M. Nigriceps.* Corselet roux, avec une large tache noire ; élytres bleues ; ventre couleur de sang.

Des États-Unis.

Tête d'un noir foncé, testacé-pâle ou rousse antérieurement : corselet roux, avec une large tache noire, quelquefois composée de deux taches dilatées, confluentes, et n'atteignant pas le bord antérieur : élytres d'un bleu violacé ou verdâtre : poitrine rousse ; origine des pattes noire ; arrière-poitrine noire ; pattes noires ; cuisses quelquefois rousses ,

particulièrement les antérieures ; ventre couleur de sang.
Longueur, 2 1/2 lignes.

Il est à peu près de la même grandeur que le précédent ; il peut s'en distinguer facilement par la tache noire du corselet ; dans la présente espèce, le corselet est aussi proportionnellement plus long que dans l'autre. Dans le mâle le deuxième article des antennes est dilaté et irrégulier. Cette espèce varie par le corselet entièrement noir.

3. *M. Nigripennis*. Corselet roux, avec une ligne longitudinale noire, dilatée ; antennes et élytres noires.

Des États-Unis.
Malachius Thoracicus. Catal. de Melsh.

Corps noir, couvert d'un duvet à peine visible ; tête avec trois impressions obtuses entre les yeux ; antennes noires ; labre, et chaperon antérieurement, roux : corselet roux avec une ligne noire, très-dilatée, qui va du bord antérieur au bord postérieur : élytres noires avec un reflet légèrement violet : poitrine d'un roux pâle ou testacée ; origine des pattes, noire ; arrière-poitrine noire ; ventre noir, segments avec une bordure couleur de sang plus ou moins dilatée ; le ventre est quelquefois tout-à-fait couleur de sang : pattes noires ; cuisses antérieures quelquefois pâles.
Longueur, 1 1/2 ligne.

Il est facile à distinguer du précédent, tant par sa taille inférieure, ses élytres et ses antennes noirâtres, que par la ligne ou tache noire sur le corselet qui se continue jusqu'au bord antérieur. Ce pourrait bien être le *M. Labiatus* de Fabr. Le nom de *Thoracicus* était déjà employé.

4. *M. Vittatus*. Corselet roux, avec une large tache noire ;
élytres bleues , bord et suture roux.

Du Mississipi.
Tête noire ; labre et base des antennes , roux : corselet
avec une tache noire dorsale, composée de deux taches
confluentes, n'atteignant pas le bord antérieur : élytres
d'un bleu-verdâtre vif ; bord externe, suture et sommet,
roux ; elles sont un peu dilatées après l'épaule : poitrine
rousse, base des pattes noire ; arrière-poitrine et ventre
noirs ; incisures du dernier bordées de testacé ; pattes
noires ; paires antérieures de tibias souvent couleur de
poix.
Longueur, 2 1/4 lignes.
Il est un peu plus petit que le *M. 4-maculatus*. Le
deuxième article des antennes est dilaté dans le mâle et
irrégulier. Je suis redevable de cette espèce à M. Thomas
Nuttal.

5. *M. Circumscriptus*. Noir ; corselet roux de chaque
côté ; élytres bordées de jaune.

Du Missouri.
Corps noir ; région de la bouche et dessous des premiers
articles des antennes , pâles : corselet rosé, avec une tache
noire dilatée, atteignant les deux extrémités : élytres bordées de jaune tout autour, excepté à la base : cuisses pâles
à la base ; ventre avec les segments bordés de blanchâtre.
Longueur, 1 1/2 ligne.

6. *M. Bipunctatus*. Corselet roux avec deux taches noires,
distantes ; élytres bleues ; abdomen couleur de sang.

D'Arkansa.
Tête noire ; toute la partie précédant une ligne tirée entre

le *canthus* antérieur des yeux, jaune; mandibules et derniers articles des palpes, noirs : corselet roux, avec deux taches noires, arrondies, distantes : élytres bleues ou verdâtres : poitrine rousse; arrière-poitrine et pattes, noires; abdomen couleur de sang.

Longueur, 2 3/4 lignes.

Cette espèce est la plus grande de l'Amérique Boréale. Je l'ai prise près des montagnes Rocheuses.

PTILINUS. *Fabr.*, *Latr.*

1. *P. Ruficornis*. Noir; antennes, tibias et tarses, roux; antennes avec le prolongement des articles très-allongé.

De Kentucky.

Corps noir, immaculé, rugueux avec des tubercules fins, aigus, légèrement élevés : tête avec une ligne longitudinale, légèrement élevée, sur le vertex; yeux d'un brun-noir; antennes rousses, ayant le prolongement des articles très-allongé et les articles courts : tibias et tarses roux : élytres avec des points nombreux, enfoncés, irréguliers près de la base, et à peine arrangés en stries près du sommet : corselet convexe, élevé.

Longueur, 1 3/4 ligne.

2. *P. Serricollis*. Noirâtre; élytres marron, soyeuses; pattes pâles.

Du Missouri.

Brun-noirâtre, soyeux, ponctué : tête avec de petits tubercules; yeux d'un noir foncé; antennes d'un roux pâle, ayant les sept prolongements antérieurs plus longs chacun que leur article correspondant; palpes blanchâtres : corselet légèrement convexe, les angles antérieurs défléchis, bord latéral sinué, finement dentelé, avec trois petits angles saillants au-dessus de l'écusson; angles latéraux postérieurs aigus : écusson distinctement en cœur : élytres d'un brun-marron assez pâle, avec des stries ponctuées, légèrement enfoncées : dessous du corps roux ; poitrine noire de chaque côté.

Longueur, 2 3/4 lignes.

ANOBIUM. *Fabr.*

1. *A. Carinatum.* Brun ; corselet caréné postérieurement ; élytres ponctuées, striées.

Du Mississipi.

A. Pertinax. Catal. de Melsh.

Corps brun : yeux noirs ; antennes et palpes, roux ; chaperon, labre et base des mandibules, couleur de poix ; les dernières marquées de noir : corselet s'abaissant vers chaque bord, caréné postérieurement, avec une ligne enfoncée se terminant à la carène ; carène dilatée et bifide près du milieu du dos ; une ligne oblique, obsolète, courte, près des angles postérieurs ; bord latéral environ moitié aussi long que le diamètre central : écusson arrondi au sommet : élytres profondément striées ; stries obtuses, ponctuées ; points transversaux, serrés : en dessous, brun-noirâtre.

Longueur, 3 lignes.

Il a été trouvé sur le Mississipi, au-dessus de l'embouchure de l'Ohio. Cette espèce se rapproche de l'*A. Pertinax,* Fabr. ; mais, comme M. J.-F. Melsheimer me le marque dans une lettre, elle est plus longue, le corselet est différemment formé et toujours dépourvu des taches fauves, quelquefois si prononcées dans les exemplaires d'Europe.

ENOPLIUM. *Latr.*

1. *E. Marginatum.* Noir ; corselet rouge avec deux lignes noires ; élytres bordées de jaunâtre.

Des États-Unis.

Tillus marginatus. Knoch , Catal. de Melsh.

Corps noir, velu , ponctué : labre et articles radicaux des palpes, pâles : corselet rouge, avec deux lignes noires longitudinales , dilatées , confluentes postérieurement : élytres ayant les bords , la suture et la base, jaunâtres : cuisses pâles.

Longueur , 5 lignes.

On en a trouvé des exemplaires dans l'État d'Ohio. Il habite aussi les États Atlantiques. Il diffère du *Lampyris pilosa* de Forster, par le bord qui est différemment coloré.

2. *E. Thoracicum*. Noir ; corselet roux, légèrement bordé de noir.

Des États-Unis.
Tillus Thoracicus. Catal. de Melsh.
— *Damicornis ,* Fabr. ?

Corps noir, velu , ponctué , cylindrique : corselet roux, bords latéraux et postérieurs, noirs : poitrine rousse : élytres entièrement noires , immaculées , avec des points larges, profonds , rapprochés, petits au-delà du milieu, confluents.

Longueur, 1 3/4 lignes.

Cette espèce se rencontre fréquemment dans les États Atlantiques ; des exemplaires ont été trouvés aussi sur le Missouri. Je le prendrais pour le même que le *Tillus Damicornis ,* Fabr. , si dans la description de ce dernier insecte, l'auteur ne parlait que de deux articles des antennes dilatés , tandis que dans le nôtre il y en a trois.

3. *E. 4-punctatum*. Noir ; élytres couleur de sang , avec des taches noires.

Des États-Unis.
Tillus 4-punctatus. Catal. de Melsh.
Corps noir , un peu velu , ponctué : corselet déprime ,

sub-carré, non contracté postérieurement; angles arrondis, avec des points confluents de chaque côté : écusson noir : élytres couleur de sang, chacune avec deux taches sub-égales, noires, arrondies, l'une placée avant et l'autre après le milieu.

Longueur, 2 1/2 lignes.

Les exemplaires de l'Arkansa varient un peu de ceux de la Pensylvanie en ce qu'ils ont les taches des élytres plus grandes.

TRICHODES. Fabr.
(Clerus, Latr., Leach.)

1. *T. Ornatus.* Noirâtre-cuivré; élytres avec une tache humérale et deux bandes d'un jaune-pâle.

D'Arkansa.

Corps cuivré-foncé, légèrement varié d'une teinte violette ou bleuâtre, velu ; antennes et palpes, roux. Élytres un peu rugueuses, non ponctuées : une large tache un peu irrégulière, extérieure, au milieu de la base, et renfermant une tache humérale ovale, noire ; une petite tache, longitudinale ovale avant le milieu ; une bande oblique sur le milieu, atteignant à peine la suture, et une autre bande oblique avant le sommet atteignant aussi à peine la suture, d'un jaune pâle : tarses d'un roux foncé.

Longueur, 4 lignes.

Il a été trouvé près des montagnes Rocheuses.

CLERUS. Fabr.

1. *C. Rosmarus.* Roux ; élytres avec des bandes noires et jaunâtres, rousses à la base ; pattes et abdomen noirs : tête immaculée.

Des États-Unis.

Clerus Rosmarum. Knoch, Catal. de Melsh.

Corps roux, ponctué, velu ; tête immaculée ; yeux d'un

noir foncé ; antennes obscures au sommet : élytres rousses à la base ; une bande noire avant le milieu, quelquefois manquant ou obsolète ; une bande d'un blanc jaunâtre sur le milieu, couverte de poils blanchâtres, et dirigée en arrière à la suture ; une bande noire dilatée après le milieu ; le sommet d'un roux pâle, couvert de poils également d'un roux pâle : tibias et ventre, d'un noir foncé.

Longueur 2 3/4 lignes.

Il a été observé dans l'État d'Ohio. Il se rencontre aussi dans les États Atlantiques. Le sommet des élytres et la bande du milieu sont de la même couleur que les poils qui les couvrent.

2. *C. Nigrifrons*. Roux ; élytres avec des bandes noires et cendrées et la base rousse ; arrière-poitrine, ventre et tache frontale, noirs.

Des États-Unis.

Corps roux, velu ; points peu distincts : tête avec une tache noire entre les yeux ; yeux noirs ; antennes et palpes, noirs de poix : élytres, la base rousse occupant plus d'un tiers de la longueur ; une bande noire très-étroite avant le milieu ; une bande blanchâtre étroite sur le milieu, couverte de poils cendrés et réfléchie en arrière à la suture ; une bande noire dilatée après le milieu ; sommet noir, couvert de poils cendrés qui cachent une tache blanchâtre manquant quelquefois : pattes, arrière-poitrine et ventre, d'un noir foncé.

Longueur, 2 3/4 lignes.

Il habite les États Atlantiques : je l'ai observé aussi sur l'Ohio.

3. *C. Nigripes*. Roux ; tête immaculée ; pattes noires ;

élytres rousses à la base , avec des bandes noires et cendrées.

Des États-Unis.

Corps d'un roux pâle : tête immaculée ; yeux, antennes, palpes et sommets des mandibules , noirs : élytres, la base rousse occupant plus d'un tiers de la longueur ; une bande noire très-étroite avant le milieu ; une bande blanchâtre étroite sur le milieu , couverte de poils cendrés et dirigée en arrière à la suture ; une bande noire dilatée au-delà du milieu ; sommet noir , couvert de poils cendrés qui cachent une tache blanchâtre qui manque quelquefois : pattes noires.

Longueur , 2 1/2 lignes.

Cette espèce ressemble beaucoup à la précédente ; mais elle en diffère par l'arrière-poitrine et le ventre roux, et par le front immaculé. Elle ressemble aussi au *Clerus Dubius*, Fabr. ; mais elle en diffère, si je ne me trompe pas sur cette dernière espèce, en ce qu'elle est beaucoup plus petite ; et en outre par la bande centrale des élytres qui se courbe en arrière et non vers la tête , comme dans le *Dubius*.

4. *C. Humeralis*. Noir ; épaule avec une large tache rousse.

Des États-Unis.

Corps noir, velu : tête d'un noir-verdâtre ; antennes pâles , les trois derniers articles formant une massue ovale ; palpes pâles : corselet d'un noir-verdâtre , dilaté de chaque côté avant le milieu en un tubercule très-obtus : élytres d'un noir-violet , avec des points confluents dilatés ; une large tache humérale rousse : tibias antérieurs roux soit entièrement, soit seulement sur le bord interne.

Longueur, 2 à 2 1/2 lignes.

Du Missouri. Il se trouve aussi dans les États Atlantiques.

SILPHA. *Fabr., Latr*.

1. *S. Caudata*. Noir, avec des poils cendrés courts; élytres
sinuées au sommet, avec trois lignes élevées, et des rangées intermédiaires de tubercules.

Du Missouri.

Corps noir, opaque en dessus et recouvert de poils cendrés, couchés, serrés, très-courts : corselet avec quelques
points noirâtres qui ne sont pas élevés : écusson avec deux
larges taches foncées, obsolètes et le bord latéral, couleur
de poix : élytres avec des poils épars plus courts que sur le
corselet; trois lignes longitudinales, élevées, aiguës, dont
l'externe sur chacune est la plus courte et l'interne est
sinuée au sommet; interstices avec une rangée de tubercules élevés ; sinuées à l'extrémité.

Longueur, 5 1/2 lignes.

Il a été trouvé par M. Thomas Nuttall sur le Haut-Missouri, et par moi près des montagnes Rocheuses. Il est
voisin du *Silpha Sinuata;* mais le corselet est dépourvu
d'élévations.

2. *S. Ramosa*. Noir; élytres avec trois lignes branchues,
élevées.

Du Missouri.

Corps noir, à points confluents, immaculé, dilaté : corselet dépourvu d'élévations : élytres avec trois lignes
longitudinales élevées, et de nombreuses petites branches
latérales qui passent par dessus les interstices; ces derniers sont finement rugueux, avec des points élevés.

Longueur, 7 lignes.

C'est le plus grand après l'*Americana*, Fabr. ; mais il
se rapproche davantage de l'*Inæqualis* dont il se distingue

de suite par les lignes branchues des élytres. Il a été trouvé par M. Thomas Nuttall sur le Haut-Missouri.

3. *S. Truncata*. Élytres lisses, tronquées au sommet.

D'Arkansa.

Corps oblong, brun-noirâtre, couvert de nombreux petits points fournissant des poils noirs, courts : corselet uni ; une ligne enfoncée, oblique de chaque côté ; bord de la base profondément sinué : élytres d'un brun-rougeâtre foncé, plus courtes que l'abdomen, transversalement tronquées au sommet ; les angles externes arrondis ; une légère élévation transversale sur le bord au-delà du milieu.

Longueur, 7 lignes.

Je n'en ai trouvé qu'un seul exemplaire près des montagnes Rocheuses. Ses élytres sont tronquées comme celles des Nécrophages.

Il appartient au genre *Necrodes* de Wilkins.

CATOPS. *Payk.*

1. *C. Basilaris*. Noir, couvert de poils jaunâtres, très-courts ; élytres brunes, plus pâles à la base.

Du Missouri.

Corps noir, couvert de poils jaunâtres, nombreux, courts ; yeux bruns ; antennes noirâtres, avec les deux articles de la base d'un blanc jaunâtre ; le 8e article est très-petit, transversal, et le plus court ; le précédent et les trois derniers sont les plus longs ; les derniers un peu couleur de poix : corselet en carré transversal, convexe, un peu plus étroit antérieurement ; bord latéral régulièrement arqué ; bords de la base et antérieur sub-rectilignes ; angles arrondis : écusson triangulaire : élytres brunâtres, plus pâles à la base ; une ligne enfoncée, distincte, subsuturale : labre et palpes

couleur de poix pâle : dessous couleur de poix noirâtre ;
pattes couleur de poix foncée.

Longueur, 1 2/3 ligne.

Il a été trouvé sous du bois, au Cantonnement des Ingénieurs, sur le Missouri.

CERCUS. *Latr.*

1. *C. Pallipennis.* Noir ; élytres pâles, testacées.

D'Arkansa.

Corps d'un noir foncé, ponctué, avec de nombreux poils
jaunâtres, courts : antennes pâles : élytres pâles, testacées,
immaculées, transversalement tronquées au sommet : tergum avec les deux derniers segments de même longueur :
pattes et ventre d'un roux pâle.

Longueur, 3 1/4 lignes.

Il a été pris près des montagnes Rocheuses.

2. *C. Niger.* Noir, ponctué, velu ; bouche, antennes et
pattes, d'un rouge-jaunâtre.

Des États-Unis.
Nitidula Nigra. Catal. de Melsh.

Corps court, ovale, d'un noir-brunâtre, velu, ponctué,
avec des poils très-courts, jaunâtres ; les points dilatés,
épais : tête à points confluents, petits ; labre couleur de poix ;
antennes couleur de poix, le troisième article un peu plus
allongé que le deuxième ; massue obscure, avec des poils
pâles : corselet beaucoup plus large à la base ; angles
antérieurs arrondis ; angles postérieurs aigus, proéminents, avec une ligne oblique, enfoncée ; points dilatés :
écusson arrondi au sommet, ponctué à la base, non ponctué au sommet : élytres couvrant la moitié de l'abdomen,
tronquées ou très-obtusément arrondies au sommet ; points

dilatés, distincts, formant des rangées régulières, rappro-
chées : pattes d'un rouge jaunâtre, ciliées.
Longueur, 1 3/4 lignes.
Du Missouri et de la Pensylvanie.

ENGIS. Fabr.

1. *E. Confluenta*. Noir ; élytres testacées, le sommet et environ trois taches sur chacune, noirs ; bord noir.

Du Missouri.
Tête, corselet et écusson, noirs, ponctués ; élytres jaunâtres ou testacées, noires à l'extrémité, ondulées de noir
sur le bord externe ; une ligne commune à la base, moitié
de la longueur environ de la suture, une petite tache latérale, épaule, et tache plus large sur le milieu de chaque
élytre, communiquant avec le bord, noires.
Longueur, 2 1/2 lignes.
Cette espèce a été trouvée par M. Thomas Nuttall.

2. *E. Heros*. Noir ; élytres bifasciées de roux, la bande
antérieure avec une tache noire angulaire.

Longueur, 8 lignes.
Corps noir : corselet légèrement ponctué aux angles antérieurs, avec des points confluents, dilatés, dans les lignes
échancrées de la base : élytres non ponctuées, avec deux
larges bandes ondulées, rousses, interrompues à la suture ;
la bande de la base est la plus large, avec une tache angulaire, noire, près de l'épaule, et une tache noire commune,
transversalement carrée-oblongue au-delà de l'écusson.
Ce bel insecte, probablement un des plus grands du
genre, se rencontre sur le Missouri. Par la couleur et la
forme du corps il ressemble d'une manière très-frappante
à l'*E. Fasciata*, Fabr. ; mais il est beaucoup plus grand et

il n'a pas la moindre apparence de points sur les élytres ;
la tache noire humérale est angulaire et son angle antérieur s'étend vers l'angle huméral ; la portion basale de la
bande de la base s'étend presque jusqu'à l'écusson de manière à enfermer tout-à-fait la tache noire transversale.
Dans le *Fasciata,* les élytres sont distinctement ponctuées
en stries, la tache humérale est orbiculaire, et la portion
basale de la bande de la base ne s'étend pas, vers l'écusson,
plus loin que le milieu de la base. Il y a dans le Musée de
Philadelphie un bel exemplaire de cet insecte qui probablement a été pris en Pensylvanie.

BYTURUS. *Latr.*

1. *B. Unicolor.* Jaune-rougeâtre, velu ; corselet déprimé
de chaque côté ; tergum obscur.

D'Arkansa.
Yeux noirs : corselet avec les angles postérieurs largement déprimés et légèrement réfléchis, la dépression continuée sur le côté, mais rétrécie vers les angles antérieurs :
ailes obscures.
Longueur, 1 3/4 lignes.
Cette espèce est très-voisine du *B. Tomentosus* des auteurs. Un seul exemplaire en a été rapporté d'Arkansa par
M. Nuttall.

DERMESTES *Lin., Latr.*

1. *D. Marmoratus.* Marbré de brun-noirâtre ; poils cendrés ou ferrugineux avec une large tache humérale cendrée.

Des États-Unis.
Antennes d'un brun-rougeâtre : corselet avec une impression devant l'écusson : poitrine noirâtre ; arrière-poitrine

et hanches avec des poils blancs, épais : pattes noirâtres ;
cuisses intermédiaires et postérieures avec une bande blanche antérieurement : tache, sur le bord latéral de la base
des élytres, large, angulaire : ventre avec des poils blancs,
épais ; segment anal et taches latérales, d'un brun-noir.

Longueur, 3 1/2 à 5 1/4 lignes.

Cet insecte se rencontre fréquemment dans le Missouri
et l'Arkansa : l'espèce est grande.

SCAPHIDIUM. *Fabr.*

1. *S. 4-guttatum.* Noir ; corselet avec une rangée ondulée
   de larges points ; élytres avec quatre taches rousses,
   dont l'antérieure est panduriforme.

Des États-Unis.

Scaphidium 4-guttatum. Knoch, Catal. de Melsh.

Corps noir : tête avec des points petits, obsolètes ; bouche
et base des antennes couleur de poix : corselet à points obsolètes, ayant à la base une ligne transversale, ondulée,
formée par des points profonds, larges : élytres ayant à la
base une rangée de points profonds, dilatés, raccourcie vers
l'épaule ; une strie sub-suturale, enfoncée, légèrement cré-
nelée ; deux ou trois rangées de points obsolètes près du
milieu, très-courtes, et deux taches rousses dont l'une est
sub-basale, transversale, panduriforme, prenant naissance
au bord externe et s'étendant en travers à plus de moitié de
l'élytre ; l'autre tache sub-terminale, obtusément lunulée.

Longueur, 2 1/2 lignes.

Var. A. Taches des élytres obsolètes.

2. *S. 4-pustulatum.* Noir ; corselet avec une rangée ondulée de larges points ; élytres avec quatre taches rousses,
   obtusément lunulées.

Des États-Unis.